水产养殖新技术推广指导用书

中国水产学会
全国水产技术推广总站　组织编写

咸淡水名优鱼类 健康养殖实用技术

XIANDANSHUI MINGYOU YULEI
JIANKANG YANGZHI SHIYONG JISHU

黄年华　庄世鹏　赵秋龙　翁　雄　许冠良　编著

U0195598

海洋出版社

2012 年·北京

图书在版编目（CIP）数据

咸淡水名优鱼类健康养殖实用技术／黄年华等编著.
— 北京：海洋出版社，2012. 8
（水产养殖新技术推广指导用书）
ISBN 978 - 7 - 5027 - 8326 - 6

Ⅰ．①咸…　Ⅱ．①黄…　Ⅲ．①鱼类健康养殖 - 咸淡水
养殖　Ⅳ．①S965. 2

中国版本图书馆 CIP 数据核字（2012）第 187362 号

责任编辑：常青青　郑　珂
责任印制：赵麟苏

海洋出版社　　出版发行

http://www. oceanpress. com. cn
北京市海淀区大慧寺路 8 号　邮编：100081
北京画中画印刷有限公司印刷　　新华书店发行所经销
2012 年 8 月第 1 版　　2012 年 8 月北京第 1 次印刷
开本：850mm × 1168mm　1/32　印张：6. 125
字数：158 千字　　定价：24. 00 元
发行部：62132549　邮购部：68038093　总编室：62114335
海洋版图书印、装错误可随时退换

《水产养殖新技术推广指导用书》
编委会

丛书序

我国的水产养殖自改革开放至今，高速发展成为世界第一养殖大国和大农业经济中的重要增长点，产业成效享誉世界。进入21世纪以来，我国的水产养殖继续保持着强劲的发展态势，为繁荣农村经济、扩大就业岗位、提高生活质量和国民健康水平做出了突出贡献，也为海、淡水渔业种质资源的可持续利用和保障"粮食安全"发挥了重要作用。

近30年来，我国水产养殖理论与技术的飞速发展，为养殖产业的进步提供了有力的支撑，尤其表现在应用技术处于国际先进水平，部分池塘、内湾和浅海养殖已达国际领先地位。但是，对照水产养殖业迅速发展的另一面，由于养殖面积无序扩大，养殖密度任意增高，带来了种质退化、病害流行、水域污染和养殖效益下降、产品质量安全等一系列令人堪忧的新问题，加之近年来不断从国际水产品贸易市场上传来技术壁垒的冲击，而使我国水产养殖业的持续发展面临空前挑战。

新世纪是将我国传统渔业推向一个全新发展的时期。当前，无论从保障食品与生态安全、节能减排、转变经济增长方式考虑，还是从构建现代渔业、建设社会主义新农村的长远目标出发，都对渔业科技进步和产业的可持续发展提出了更新、更高的要求。

渔业科技图书的出版，承载着新世纪的使命和时代责任，客观上这方面的科技读物已成为面向全社会，普及新知识、努力提高渔民文化素养、推动产业高速持续发展的一支有生力量，也将成为渔业科技成果入户和展现渔业科技为社会不断输送新理念、新技术的重要工具，对基层水产技术推广体系建设、科技型渔民培训和产业的转型提升都将产生重要影响。

中国水产学会和海洋出版社长期致力于渔业科技成果的普及推广。目前在农业部渔业局和全国水产技术推广总站的大力支持下，出版了一批《水产养殖系列丛书》，受到广大养殖业者和社会各界的普遍欢迎，连续收到许多渔民朋友热情洋溢的来信和建议，为今后渔业科普读物的扩大出版发行积累了丰富经验。为了落实国家"科技兴渔"的战略方针、促进及时转化科技成果、普及养殖致富实用技术，全国水产技术推广总站、中国水产学会与海洋出版社紧密合作，共同邀请全国水产领域的院士、知名水产专家和生产一线具有丰富实践经验的技术人员，首先对行业发展方向和读者需求进行广泛调研，然后在相关科研院所和各省

（市）水产技术推广部门的密切配合下下，组织各专题的产学研精英共同策划、合作撰写、精心出版了这套《水产养殖新技术推广指导用书》。

本丛书具有以下特点：

（1）注重新技术，突出实用性。本丛书均由产学研有关专家组成的"三结合"编写小组集体撰写完成，在保证成书的科学性、专业性和趣味性的基础上，重点推介一线养殖业者最为关心的陆基工厂化养殖和海基生态养殖新技术。

（2）革新成书形式和内容，图说和实例设计新颖。本丛书精心设计了图说的形式，并辅以大量生产操作实例，方便渔民朋友阅读和理解，加快对新技术、新成果的消化与吸收。

（3）既重视时效性，又具有前瞻性。本丛书立足解决当前实际问题的同时，还着力推介资源节约、环境友好、质量安全、优质高效型渔业的理念和创建方法，以促进产业增长方式的根本转变，确保我国优质高效水产养殖业的可持续发展。

书中精选的养殖品种，绝大多数属于我国当前的主养品种，也有部分深受养殖业者和市场青睐的特色品种。推介的养殖技术与模式均为国家渔业部门主推的新技术和新模式。全书内容新颖、重点突出，较全面展示了养殖品种的特点、市场开发潜力、生物学与生态学知识、主体养殖模式以及集约化与生态养殖理念指导下的苗种繁育技术、商品鱼养成技术、水质调控技术、营养和投饲技术、病害防控技术等，还介绍了养殖品种的捕捞、运输、上市以及在健康养殖、无公害养殖、理性消费思路指导下的有关科技知识。

本丛书的出版，可供水产技术推广、渔民技能培训、职业技能鉴定、渔业科技入户使用，也可以作为大、中专院校师生养殖实习的参考用书。

衷心祝贺丛书的隆重出版，盼望它能够成长为广大渔民掌握科技知识、增收致富的好帮手，成为广大热爱水产养殖人士的良师益友。

中国工程院院士

2010 年 11 月 16 日

前　言

　　我国是世界上淡水养鱼发展最早的国家，早在 3200 多年前的殷朝就开始了池塘养鱼，在公元前 460 年左右的春秋战国时期，范蠡就总结了当时养鲤经验，写出了著名的《养鱼经》，这是已发现的我国最古老的养鱼文献，也可能是世界上最早的养鱼著作。

　　池塘养鱼是我国饲养食用鱼的主要形式，新中国成立后，党和政府非常重视水产事业，1958 年中国水产科学研究院南海水产研究所钟麟研究员等，在池塘养殖四大家鱼，人工繁殖获得成功，成为我国水产科学上的一项重大成果。在池塘养鱼综合技术措施方面，科技人员深入生产第一线，总结了群众池塘养鱼的先进经验，概括为"水、种、饵、混、密、轮、防、管"的八字精养法，用它来指导生产，大大提高了池塘单位面积的鱼产量，促进了池塘养鱼产业的飞跃发展，使我国成为当今闻名世界的、池塘养鱼最发达的国家，池塘养殖的鱼产量名列世界前茅。

　　1975 年我国首次合成了高效的鱼类催产剂促黄体素释放激素类似物（LRH - A），应用于鱼类的催产获得了成功。通过对我国常见鱼病防治的研究，基本控制了常见病的发生，大幅度提高养殖鱼类的成活率。近年来在全国推广高效环保的人工配合颗粒饲料，改进了鱼类的饲料营养，研制营养全面高效的鱼类饲料，提高了养殖鱼类的产量，降低了养殖成本。此外，池塘养鱼的机械化也有较大程度的提高，通过不断地创新养殖技术，开发了池塘科学生态养殖等多种养殖模式，获得高产、优质、低耗、高效的成果。这些都体现了我国养鱼的特色和技术水平，使我国池塘养鱼业以技术精湛而著称于世。

　　我国南方的广东、广西、台湾、福建和海南等沿海地区的池塘养殖已有相当的历史,广东早在 300 多年前就有池塘养鱼的记录。由于这些地区地处亚热带、热带,有得天独厚的自然条件,气候温暖、雨量充沛,生物饵料丰富,养殖鱼的品种多,适宜鱼类正常生长的时间长。

珠江是西江、北江和东江的总称,主流全长为 2 129 千米,鱼类资源丰富,特别是在珠江三角洲咸淡水区域的花鲈、鲻、黄鳍鲷等优质名贵鱼类,是人们喜爱的高档海鲜,又以花鲈名列西江水域四大名鱼之首。广东省的东莞、斗门、中山、江门、台山、珠海等地充分利用咸淡水资源开发了花鲈的池塘养殖与网箱养殖。近年来各地水产部门组织专家下乡为渔农培训咸淡水域名优鱼类的健康养殖技术,深受渔农的欢迎,调动了群众养殖名优鱼类的积极性。这对增加优质水产品的供应,提高人民生活水平具有重要的现实意义。

为了满足广大养殖者的需要,我们总结了珠江三角洲咸淡水域的几种名优鱼类的养殖技术,汇编成《咸淡水名优鱼类健康养殖实用技术》一书,主要介绍鲻鱼、黄鳍鲷、花鲈、尖吻鲈、暗纹东方鲀、鲳鲹和花尾胡椒鲷等名优鱼类的池塘养殖与网箱养殖模式和国内外的养殖实例,以无公害健康养殖为立足点,指导生产为出发点,使科学性与实用性相结合。希望本书的出版,能促进我国名优鱼类健康养殖的持续发展。

本书在编写过程中,承蒙各地及水产技术推广站同行及有关部门的大力支持,获得真实宝贵的生产第一线的生产经验及养殖试验的资料;中国水产科学研究院南海水产研究所的宋盛宪教授对本书进行审稿,并提出宝贵的修改意见,对给予我们热情帮助的这些同志表示衷心感谢!

书中不足之处,敬请读者批评指正。

编著者
2012 年 3 月

目　录

第一章 咸淡水水域名优鱼类的养殖

一、咸淡水水域养殖鱼类的特点

咸淡水水域指的是河口水域，也就是有淡水汇入的海域，该水域具有独特的水质环境，最适合名优鱼类的养殖，水域具有以下特点。

① 该水域的盐度变化幅度大，变幅为 0～20，水平和垂直变动都十分明显。盐度随季节变化也很大，若遇到暴雨时往往会使整个水域表面的盐度降至为零。

② 该水域是海水与淡水汇入的河口，水的混浊度变化很大。

③ 该水域水中富含营养盐，有丰富的浮游生物，为鱼类提供了营养丰富的饵料。由于生物饵料充沛，适合鱼类的生长、繁殖，而且这一区域的鱼类的肉质好，味道特别鲜美。

二、发展咸淡水水域名优鱼类养殖的意义

我国咸淡水水域资源丰富，适宜进行咸淡水水域养殖的名优鱼类也不少。随着改革开放的深化、科技的进步和养殖模式的创新，发展咸淡水水域鱼类养殖的面积不断扩大，养殖的名优鱼类也不断增加。在广东，珠江口是咸淡水交汇水域，整个珠江三角洲淡水汇入珠江口，河口盐度变化大，盐度变化达 3～35，致使珠江口沿岸海水水质变化大，河水流入带来丰富的有机质，促进了浮游生物的生长和繁殖，浮游生物的种类多、生物量大，为鱼类的生长提供了优良丰富的饵料生物，是发展咸淡水鱼类（即河

口水域的鱼类）养殖的良好场所。

当前我国从珠江三角洲到长江三角地区的江河入海口的水域，都能因地制宜地进行咸淡水名优鱼类养殖，主要的养殖模式有池塘集约化养殖、网箱养殖以及工厂化养殖等。咸淡水水域名优鱼类的池塘养殖主要以集约生态养殖为主，迄今养殖的品种已不少于20种，养殖规模和相应的技术路线日趋规模化，产业可持续、健康发展，前景广阔，随着野生品种的继续驯化，新品种的不断引进和改良、筛选，养殖工艺的创新，并逐步走向工业化养殖，生产潜力的进一步发挥以及对某些品种的药用价值的深度开发和增值，咸淡水水域河口性鱼类养殖业无疑将会有一个升华时刻。

三、咸淡水水域养殖鱼类的品种

到目前为止，适应我国南方海岸河口池塘集约化养殖的鱼类品种如下。

1. 鲻科鱼类

鲻（*Mugil cephalus*）和梭（*Mugil soiug*）是我国常见的鲻科鱼类，从盐度为38的海水到淡水都能正常生活，适应水温为3～35℃，食性广，食物链短，成鱼以泥沙中的有机碎屑和硅藻类为主要食料，人工养殖时可喂糠麸等植物性饲料。种苗目前大多靠沿岸采捕。南方养鲻为多，北方以养梭为主。北梭种苗南移养殖，生长速度比原产地要快。

2. 鮨科鱼类

主要养殖品种有尖吻鲈（*Lates calcarifer*）和花鲈（*Lateotabrax japonicus*）。尖吻鲈俗称四鳃、红目鲈，咸淡水均可养殖，属温水性鱼类，致死水温为12℃，18℃停止摄食。尖吻鲈为凶猛掠食性鱼类，以鱼、虾类为饵。养殖上多投喂新鲜、冰鲜或急冻小杂鱼。我国已实现全人工繁殖种苗。

花鲈俗称七星鲈、海鲈、青鲈。为广温、广盐性养殖品种，淡水、咸水均可养殖。食性与尖吻鲈相同。养殖种苗靠沿岸河口采捕及人工育苗。北方产的鲈苗移南方养殖具有明显的生长优势。

3. 鲷科鱼类

主要养殖品种有黄鳍鲷（*Sparus latus*）、平鲷（*Rhabdosargus sarba*）、灰鳍鲷（*Sparus berda*）。黄鳍鲷俗称黄脚立，平鲷俗称金丝立，灰鳍鲷俗称黑立。黄鳍鲷适应盐度比平鲷、灰鳍鲷广，能生活在淡水，适盐低限为2。平鲷和灰鳍鲷的生长速度和生长个体则明显大于黄鳍鲷，人工养殖条件下都可投喂鱼糜和鱼块。鲷科鱼类已在国内人工繁殖成功，但目前有些种苗来源仍依赖沿岸河口采捕。

4. 笛鲷科

目前养殖的种类有紫红笛鲷（*Lutianus argentimaculatus*），俗称红尤，为暖水性中、下层鱼类。广盐性，对盐度突变的应激能力强，养殖时对盐度要求偏高；怕冷，水温10℃以下会冻死。生长稍慢，商品个体比鲷科鱼类大。在人工养殖条件下能掠吞饵料鱼块。养殖种苗靠进口，近年国内人工繁殖也取得了成功。

5. 鲹科鱼类

南方养殖的主要有卵形鲳鲹（*Trachinotus ovatus*）和布氏鲳鲹（*Trachinotus blochii*），这两种鲳鲹外形相似，皆属鲈形目，鲹科，鲳鲹亚科，鲳鲹属，我国内地和台湾省均称为黄腊鲳、金鲳、卵鲹、红三、红鲳等，台湾省的布氏鲳鲹易被认为是内地的卵形鲳鲹。卵形鲳鲹为暖水性鱼类，在10℃以下水温会冻死，养殖的适宜盐度在6以上。人工养殖的鲳鲹能主动掠食人工投喂的鱼糜、鱼块和配合饲料，种苗来源于人工繁殖。

6. 丽鱼科（雀鲷科）鱼类

罗非鱼属是世界性的养殖品种，也是广盐性的热带鱼类。主要品种有尼罗罗非鱼（*Oreochromis niloticus*）和奥尼鱼。奥利亚罗非鱼（*Oreochromis aurea*）与尼罗罗非鱼的正反杂交子一代，俗称奥尼鱼或单性鱼（雄性占90%）。罗非鱼的适应盐度为0~20，罗非鱼均为杂食性鱼类，种苗易解决。

7. 金钱鱼科鱼类

仅有一个品种，即金钱鱼（*Scatophagus argus*），俗称金鼓，为暖水性小型鱼类，广盐性，能在淡水中生活，生长缓慢，以采食附着性的藻类为生，种苗靠沿海河口采捕和人工繁殖。

8. 蓝子鱼科鱼类

适合海岸咸淡水水域池塘养殖的有两种，即黄斑蓝子鱼（*Siganus aramia*）和褐蓝子鱼（*Siganus fuscescens*）。蓝子鱼俗称泥猛，为暖水性、广盐性的小型鱼类，食浮游生物，养殖种苗尚靠沿岸河口采捕。

9. 塘鳢科鱼类

中华乌塘鳢（*Bostrichthys sineusis*），俗称乌鱼、泥鱼，为广盐、温水性的小型鱼类，喜穴居，摄食虾类、蚧类，人工养殖可摄食鱼糜、鱼块，种苗靠人工繁殖培育。

10. 鲀科鱼类

南方试养的为东方鲀属的一种红鳍东方鲀（*Fagll rubripes*），俗称鸡抱鱼，生存水温为4~29℃，最适水温为16~25℃，畏高温，广盐，耐低氧能力强，肝脏、卵巢具剧毒，主要摄食贝类、虾及小鱼，种苗靠人工繁殖。

11. 鲤科鱼类

主要有尖鳍鲤（*Cyprinus acutidorsalis*）和草鱼。尖鳍鲤俗名海鲤，适宜生长的盐度范围为0~20，栖息于水体中、下层。主食底栖动物，为食性较广的杂食性鱼类。每年2—3月产卵，种苗可靠全人工繁殖解决。草鱼适盐度上阈值为11，是四大家鱼中耐盐度最高的鱼类，草食性，种苗易解决。

第二章　鱼类池塘养殖基本知识

池塘是养殖鱼类栖息、生长、繁殖的环境，那么，池塘养殖应包括哪些内容和基本的知识呢？显然，养鱼首先要有个养鱼的场所，最基本的就是池塘，有了养殖的池塘还必须有水才能养鱼，因为鱼类生活在水中，有了水就可根据人们所需要的养殖对象开展生产，生产还需要鱼苗及饲料营养等。总的概括为养鱼必须有：塘、水、苗、饲料以及养殖技术和人们的科学管理。

第一节　池塘的选择与建造

池塘养殖是指在小面积的池塘内进行养殖生产的一种方式，许多高产精养技术措施都是通过池塘的水环境作用于养殖鱼类，显然，池塘环境的优劣直接关系到鱼类产量的高低。

成鱼养殖的池塘条件，主要包括以下几方面：池塘的位置、水源和水质、面积、水深、底质以及池塘的形状和周边的环境等，当这些条件适合鱼类的生长发育需要时，鱼长得就快，产量就会增加。把池塘改造得最适合鱼类生长条件是池塘养殖增产的重要手段。

一、池塘的选择

池塘是鱼类养殖最基本的设备，池塘的建造与设施的条件优劣直接关系到鱼的生长和成活率，影响成鱼养殖的产量和质量。要获得好收成与优质健康的产品，池塘的建造应具备如下条件。

1. 池塘的位置

养殖场要选建在水源充足、水质优良、进排水方便、交通便利，方便鱼苗、饲料的运输及养成鱼的销售的地方。对于高产稳产的精养商品鱼基地，必须做到"三通"，即水通、电通、路通。池塘还要保证不受洪水的危害。

2. 水源水质和换水

水是渔业生产最基本的条件。池塘应靠近水质好、无污染的地方，选择水流畅通、潮差大、进排水方便的地方。最好选择江、河、湖、水库的水作为水源。这些区域水质优良、含氧量高，浮游生物的组成更适合作为鱼类摄食的天然饵料。开展池塘海水养殖最好选择有充足淡水水源的地方，以便调节池水盐度，以河口咸淡水水域作为养殖池就更为理想。

3. 面积

成鱼养殖的池塘要有较宽广的面积，民间有"宽水养大鱼"的说法，这是有一定的科学道理的。水面广，受风力的作用大，有较好的增氧效果，更重要的是可借风力的作用促进上、下层水混合，改善底部溶解氧的不足。当然，面积也不可过大，养殖成鱼的池塘以10亩①为宜，面积过大的池塘不便饲养管理，不易均匀进行人工投饵，鱼类不易摄食，水质也难控制，特别是在夏季捕鱼时，分拣费时，操作困难，稍一疏忽会造成鱼类大量死亡，损失惨重。

4. 水深

成鱼养殖的池塘需具备一定的水深，以便增加放养量，池塘的水较深时，水质比较稳定，有利鱼的生长。民谚有"一寸水、一寸鱼"的说法。实践表明，不同的水深，鱼的产量不同，一般是单位面积的净产量随着水深的增加而增加。但池水也不是越深

---

① 亩为我国非法定计量单位，1 亩 ≈ 666.7 平方米，1 公顷 = 15 亩，以下同。

越好，生产实践证明，精养鱼池的水深常年应保持在 2.0～2.5 米为宜。如果池水太深，下层水的光照就变差，光合作用受阻，大气中深入水底层溶解氧也很低，加之有机物的分解消耗大量的氧气，就会造成水底层缺氧，因此，池水过深对鱼的生存和生长都有较大的影响；水太浅，鱼活动空间小，受外界环境及气候影响大，不利鱼的生长。

5. 底质

养鱼池塘的底质以壤土最好，黏土次之，沙土最差。养殖过的老化塘，由于池底沉积残渣、鱼类粪便、生物尸体及沉积的泥沙等，使底质因淤泥过多，水质变酸，易恶化。病原菌大量繁殖，有机物分解时，消耗大量氧气，造成底部缺氧，产生氨、硫化氢等有害物质，不利鱼类的生存和生长。因此，在鱼种苗放养时保持 5 厘米厚的淤泥比较合适，这对调节水的肥度，补充池水中的营养物质，保持池塘的生态系统平衡有一定作用。

6. 池塘形状

池塘形状要根据地形条件灵活确定，尽量做到规范化和规格化。最好是长方形东西方向，长、宽比例以 5∶3 为好，有利于延长光照的时间，可提高水温，有利于浮游植物进行光合作用，且受风力作用的面积比南北向的池塘大，特别在夏季多东南风和西南风时，水面扬起波浪，可增加养殖水体的溶解氧，减少鱼"浮头"的发生。

池塘四周的堤坝要坚实，不漏水，且要高而宽，坡度以 1∶2.5 为宜，具有一定抗台风能力，减少自然灾害对池塘养鱼生产的影响。池底要平坦，可略向排水口一侧倾斜。进、排水要求单排单进。一个鱼池的进、排水时间不要超过 3 天，这样的池塘有利于饲养管理和拉网捕鱼操作。建塘要避开高大建筑物和树木，以免阻挡阳光和风力。

7. 池塘要易清整

养鱼后的腐殖质要易清除，以增加鱼塘蓄水量，并能作为陆地肥料。亩产 300 千克的鱼塘，塘泥肥效相当于 10~15 头肥猪的积肥量。

二、池塘的建造

1. 池塘的整体建造

鱼池的建造与虾池类似，但在池塘的深度方面，养鱼池水深要求深一些，鱼池可以单个建造，亦可以群体建造。池塘建造的关键工程是筑堤和设置闸门。

堤坝必须坚固，其宽度、高度和坡度应根据当地历年的洪水水位、潮差、地形、台风和土质等情况来综合考虑决定。堤坝又分为防潮大堤和池堤，即外堤和内堤。

（1）外堤（也叫拦海大堤或防潮大堤）　堤顶宽度应在 3~5 米，若要通汽车，应加宽到 5 米以上。堤的高度以超出历史最高水位 0.3~0.5 米为宜。堤坝向海面坡度要比内坡大些，外坡度一般为 1:2~1:3，并砌石或水泥板护坡。堤基的外滩造红树林，挡浪护堤。

（2）内堤（池堤）　起着分隔鱼池、渠道和交通的作用，它的高度应高于池水的最高水位 0.5~0.8 米，堤顶宽 2~3 米，坡度 1:1.5~1:2，有条件的应用石块、水泥板或防渗塑料膜护坡。

进、排水闸应建立在底质比较坚实，水流畅通的地方，闸门要坚实严密，排水大闸的闸底要低于排水渠底 30~40 厘米，以利于排水。

每口鱼池要在其短边的中间分别设进水闸和排水闸，排水闸底应低于池底 20~30 厘米。以便于排水收鱼。

进水闸门和排水闸门的闸板有多块式和一块式两种。一块式配套螺旋启闭。一块式较多块式更利于操作，可减轻劳动强度，有利于排出底层水。

闸门的宽度和孔数可根据鱼池的面积确定，见表 2-1。

表2－1　闸门宽度、孔数与鱼池面积关系

鱼池面积/亩	进水闸闸门宽度/米	孔数/个	排水闸闸门宽度/米	孔数/个
10 ~ 20	1.0 ~ 1.2	1	1.0 ~ 1.2	1
20 ~ 30	1.0 ~ 1.5	2	1.0 ~ 1.2	2

2. 池塘的改造

池塘条件的好坏直接影响鱼类的生长和成活率，池塘好坏的衡量，应从池塘的形状、大小、水深、面积和池埂的高低，进、排水系统是否完善等方面考虑，根据以上的要求改造一些不合规格的老池塘，进行统一安排是提高鱼产量的重要措施。

（1）**由小改大**　将原来的较零散的小水面，按上述池塘标准化的要求，把它们建成或连成一个或几个大池塘，即把小的合并起来。如果原来的池塘较小，四周还可以向外扩展的话，可把池塘扩大些，这样既充分利用空闲地，也更适合鱼类的养殖生长。

（2）**由浅改深**　对那些水深只有1米左右的池塘或老化的浅水池塘，应按要求挖深到2.0 ~ 2.5米。这样就相当于将鱼池的体积增加1倍，为立体利用水面创造条件，可保持水流清新，水环境稳定，对鱼类的生长很有利。

（3）**把死池塘改为活池塘**　有些旱天常干的池塘，或者是虽常年保持有水，但是一潭死水的池塘，应在靠近水源的地方为这类塘修建排、灌水系统，想办法与水源相通，使其连接水口，这样可以随时进水，能排能灌，使水变活，成为合格的池塘。

（4）**把瘦水塘改为肥水塘**　池塘养鱼，如果水质清瘦，全靠人工饲料养鱼，不但成本高，鱼产量也不高，很不合算，如果周围有肥水水源，就要设法引入。当然，工业污水不符合水质标准，不能引入。

（5）**由低埂改为高埂**　池塘沿河的池埂叫外埂或外堤，池塘的其他池埂叫内埂或内堤，从防汛、防洪的角度考虑，池埂（内堤）应加高加固。外埂（外堤）的高度应高于当地历史最高水位0.5米以上。内埂（内堤）的高度比梅雨季节的水位高出0.7米左右。做到大水淹不着，有效地控制池塘鱼类的外逃。

第二节　养殖前池塘的准备工作

池塘准备工作包括池塘整修、药物清塘和肥水培育天然饵料生物等。养殖技术要求较高，各个生产环节紧密衔接，一环接一环，不得马虎，若一环脱节，往往就会贻误全局。在整个养殖周期应着重抓好如下几个重要环节：

池塘水排干→封闸晒池→清淤、整塘（翻土或填土铺沙）、修塘→消毒（浸泡池塘、撒生石灰或漂白粉、茶粕等）→安装闸网→进水→施肥繁殖饵料生物→肥水→选购鱼苗→放苗（中间培育）→养成管理→收获。

一、池塘整修

池塘整修是池塘养殖成败的关键工作。因池塘在饲养鱼类一年后，池底沉积大量生物尸体、鱼类粪便、残渣、有机物、泥沙和病原细菌，使淤泥增厚。因此，需要进行整修。

底质的去污、暴晒、翻耕与消毒一定要彻底、细致。"养水宜先养土"，要认真做到：

① 在清塘排水时，要伴随冲洗去除池底污泥，甚至在干底后移去上层污土。

② 清淤必须彻底，每亩加入生石灰100千克，暴晒与翻耕。

③ 塘土翻耕多次，促进氧化。

④ 进行消毒。

⑤ 进水，加入微生物制剂和少量氧化剂进行翻耕，促进有机物分解与有毒物质的去除。

二、池塘消毒

1. 生石灰消毒

用生石灰消毒池塘的方法有两种。一种是干塘法消毒，即排去池塘中大部分水，留下 10 厘米的水。或在已晒干的池塘，灌水 10 厘米，每亩用生石灰 80~120 千克，把石灰磨成粉后，全池均匀撒开。生石灰粉遇湿后水解，释放出大量热能，杀灭病原体。另一种是带水消毒，用于排灌水困难或清塘前无法排水的大塘，以水深为 0.5~1.0 米计，每亩用生石灰粉 150~200 千克（约 200~400 毫克/升）。做法是将生石灰盛入竹筐，挂在船尾放入水中，缓划小船，搅动池底部，使石灰浆散入水中，可达到理想的消毒效果，失效时间为 7~8 天。还可用于升高水体 pH 值，pH 值提升 1 的用量为 10 毫克/升。

生石灰价格便宜，消毒效果也好，能快速溶解细菌的蛋白质膜，具有杀菌和中和酸的作用。氢氧化钙遇到二氧化碳变成碳酸钙，是一种较好的海水缓冲剂，能调节 pH 值。带水消毒能杀死病原体、病菌、致病寄生虫及过度繁殖的藻类，使悬浮的有机物凝结沉淀，增大池水的透明度，促使底质 pH 值上升，促进有机物分解，减轻池底及池水中的污物，改善养殖环境。

使用生石灰消毒应注意以下几点：

① 水中及底质中已有大量钙离子及碱性较高的池塘不宜用生石灰消毒，因为生石灰会促使磷酸盐沉淀，降低有效磷的浓度，造成水体中缺磷，抑制藻类的生长。

② 水体中有机物不足的池塘使用生石灰后，会加快有机物分解，降低水体肥力，所以用生石灰消毒后，必须施用有机肥或磷肥，否则会破坏池塘的生态环境。

③ 有些养殖户使用生石灰过量，造成池塘温度高、碱性较强、氨氮高、毒性大，导致病害发生。

④ 使用生石灰消毒池塘，不可用尿素肥水。尿素会增加氨的含量，破坏鱼苗的鳃组织，降低鱼苗的血液输送能力，造成鱼苗死亡。

2. 漂白粉消毒

漂白粉消毒用量为 20 毫克/升，每亩（1 米水深）施用 13 千克，均匀撒入池中，在晴朗天气下进行，失效时间为 4～5 天。

必须注意：切不可将生石灰与漂白粉合用，因漂白粉产生的次氯酸，在生石灰产生的强碱性水中灭活性降低。生石灰产生的 OH^- 与次氯酸产生的 H^+ 中和后，效果很差。

3. 茶粕消毒

通常每亩（1 米水深）用茶粕 10～12 千克（15～20 毫克/升）。

操作方法：计算池塘用药量后，把粉碎的茶粕用淡水浸泡 26 小时（急用时可用热水浸泡），滤出茶粕渣，将浸出液均匀地泼洒于整个池塘，40 分钟后有害鱼大量死亡。

4. 敌百虫

敌百虫是一种有机磷酸酯，白色结晶，易溶于水。敌百虫用于清塘，目的是杀灭塘中的白虾（脊尾白虾，俗称五须虾）及蟹类。使用含敌百虫 95% 的晶体敌百虫药物 2.0～2.5 毫克/升，水溶后全塘泼洒。用药两天后将水排干，失效时间为 8 天。

5. 二氧化氯

二氧化氯分为为固体和液体两种。固体分 A、B 两药，即主药和催化剂，使用时要小心分别把 A、B 药各自加水溶化，之后把两溶液混合稀释使用，达到杀菌消毒效果。水剂的稳定性更好，用量为 0.1～0.2 毫克/升。

三、进水

池塘整治消毒完成后，把闸门口用 60 网目筛绢封好，引水入塘。引进已消毒的水至池塘体积 80%（80 厘米至 1 米），不宜太浅。

进水前首先要监测海水的各要素指标是否符合要求，然后用 4 毫克/升漂白粉（含氯 30%）或用 2~3 毫克/升强氯精对水体再次进行消毒。用蓄水池或长而缓和曲折的水道储水，引入水后即可马上施肥养水，保持水环境的稳定性。

四、肥水与稳定水色

1. 肥水

肥水就是培养池塘的浮游生物作为基础生物饵料，尤其是单胞藻类，藻相越复杂，水色就越稳定，所以在肥水时不要使用单一肥料，应结合池塘水质本身的营养程度而定。池塘在纳水（进水）后必须立即开始肥水，肥水时一定要开增氧机。

（1）肥水时间　肥水时间应在放苗前 20 天左右，肥水过程中池塘 pH 值变化明显呈现，变化规律，20 天左右时，pH 值在 8.5 左右，适宜生长。

（2）肥水物质　现在肥水主要使用有机肥、无机肥和一些复合有益菌，三者结合起来，这样肥水快，肥效持久，而且通过有益微生物抑制有害细菌的繁殖，营造良好的水环境。有机肥一般使用鸡粪和茶籽饼等，鸡粪在使用之前要经过消毒发酵，方法如下：1 亩取 20 千克左右干鸡粪与 1/10 左右的生石灰混合，用水浇透，一个星期后，施放活菌，再过三天即可使用。方法有挂袋于池边，或在发酵池中搅匀，并用网纱过滤后，用水全池泼洒，鸡粪渣弃去。茶籽饼的用法与用量：每亩池塘用茶籽饼 20 千克左右，加磷肥 4 千克左右混合均匀，用水浸泡，两天后即可使用，但混养鱼的池塘不可以使用此方法。农用化肥的用法与用量：尿素 5~6 克/米³，过磷酸钙 1.5~2.0 克/米³，以后第三、四天用一次，用量为首次的 1/3，一般 20 天左右水色即能稳定。

在肥水的同时可施枯草芽孢杆菌、乳酸杆菌、链球菌、光合细菌和酵母菌等有益微生物，使之在水中形成优势种群。一般来说，泥质和沙泥质池塘，直接用无机肥效果最好，沙质底、高位池和铺地膜池塘，肥水时困难些，用无机肥和有机肥相结合的方法，效果较好。

一般肥水用化学肥料，立足于使有益藻类快速繁殖，不同单胞藻类的繁殖速度与氮磷比例密切相关。肥料（碳酸氢铵、磷酸氢钾）氮磷比 $3:1 \sim 7:1$，氮磷比为 $10:1$ 时能促进硅藻的大量繁殖，氮磷比 $3:1 \sim 7:1$ 时多为绿色水。

养殖业者应改变过去传统施肥的老习惯，不要盲目乱用药物，最好在进水口采用化肥吊袋和用发酵后的鸡粪在池边吊袋的肥水法，能很好地解决培育有益浮游单胞藻的问题。

2. 稳定水色

肥水的作用是造就池塘内稳定的水环境，快速培养池塘内的饵料生物，发挥优势藻种的抑菌作用，使水质长期保持最佳状态，以达到在池内形成初级生产力的目的，达到生态防病的最佳效果。也可使用高浓度海洋光合细菌（50 亿个/毫升）或利生素，应傍晚使用，中午光照较强，会降低菌种的成活率。光合细菌在水中繁殖时可释放具有抗病力的酵素，对水体中引起细菌性疾病的致病原有一定抑制作用，光合细菌富含 B 族维生素和未知活性物质，可以迅速促进浮游生物的生长、繁殖，还可以通过鱼类鳃丝直接渗透到体内补充营养，并能净化水质，改善生态环境。

稳定水色的主要方法有以下几种：

① 换水或部分换水。

② 适当催肥（用单胞藻营养素），施用水质改良剂，池水中投放微生物制剂（光合细菌）或利生素。

3. 影响水色的主要因素

① 池水中营养盐类不平衡。

② 水体中缺少必需的二氧化碳。

③ 水体中浮游动物量过大，水变清。

第三节　池塘水环境的调控及科学管理

　　鱼类在池塘中生长的情况，都是通过水体环境中的溶解氧、水温、酸碱度、透明度以及硫化氢、氨氮等有毒的气体等因子的变化来反映的，渔民历来有"养好一池鱼，先要养好一池水"的传统经验。因此，在研究和处理养鱼中发生的各种问题时，都要从鱼类所处水环境的各种因子找原因，进行科学分析和全面的调控，使池塘保持稳定良好的鱼类生活环境。

　　池塘养鱼的水质环境因子错综复杂，各因子变异大且相互影响，若从单一因子变化情况来了解水质的好与坏非常困难。在评估水环境因子对养殖鱼类的影响时，应考虑到各因子之间的协同效应，调查原因要有科学根据，并进行综合全面分析来判断。

一、池塘健康养殖的水质

1. 维持优良的水环境

池塘优良水环境主要包括以下几方面：

① 溶解氧在 5.0 毫克/升以上，日变化不超过 6 毫克/升。

② 盐度为 5～40，日变化不超过 5。

③ pH 值为 7.8～8.5，日变化控制在 0.4～0.5，在池塘条件较好时，则可容忍稍大一些的变化。

④ 水温为 16～36℃，最适水温为 25～30℃，最低不能降至 15℃以下，最高不超过 40℃。

⑤ 透明度为 25～35 厘米。

2. 稳定池塘的水质，要做到水质"肥、活、嫩、爽"

要做到养好一池鱼，需养好一池水。人们从养殖生产实践中总结的经验是,池塘养鱼一定要做到稳定池塘水质,要从"肥、活、嫩、爽"四字下工夫。

"肥":表示鱼塘的水要肥,反映池塘水中营养丰富,物质循环快,水中饵料生物丰富。水色较浓,浮游生物量高种类多,透明度小;水色清淡,透明度大,水中浮游生物少。养殖上一般以水的透明度来表示水的肥度,在测定时一般要站在上风头的池堤上,一般肥水池的透明度为 25～35 厘米,相当于水中浮游植物总量达 20 毫克/升以上。

"活":即"活水",是指水色和透明度经常变化,水色随阳光和水温而变,富有活力,有时由褐红转绿,有时由绿转褐红,上午红中有绿,下午绿中有红,尤其夏天变化更明显,池塘水随风吹动有清香之感。"活"的生物学含义是浮游生物繁殖快,池塘中的能量循环快,整个池塘中食物链的各个环节运转正常,也意味着池塘中的生态平衡,这种水是好水。

"嫩":指水的颜色嫩绿而深,水质嫩而不老,水中藻类细胞未老化。所谓水"老"主要有两种:一种是水色发黄或发褐,另一种是水色发白。水色发黄是藻类细胞老化的表现,就要换水。

"爽":池塘水肥,浓而不混浊,是指水质清爽,水色不太浓,透明度适中,为 25～35 厘米,在正常天气下,清晨最低溶氧量为 2 毫克/升。

3. 增氧机的使用

增氧机有水车式、射流式、长臂式等。增氧机的开机时间可根据池水溶解氧的水平进行调整,提高水体溶解氧含量,维持水体的优良环境。开动增氧机的规律一般为:晴天中午开机(11:00—14:00),阴天早晨开,连绵细雨半夜开,傍晚不开机,鱼"浮头"要早开,鱼"浮头"季节要天天开,轮捕后及时开,风平浪静要多开等。开机时间为:半夜开机时间长,中午短;施肥后、天闷热、池塘面积大、鱼密度大、开机时间要长;不施肥、天气凉爽风大、池塘面积小,鱼密度小,开机时间要短。增氧机的设置数量按池塘的面积大小而定。一般设置在池塘的四周离池堤 3～5 米处。相互成一定角度，有利于形成同方向水流，集中残饵和污物。

4. 采用微生物保持良好的水质

定期施放有益微生物制剂，如芽孢杆菌、益生菌、乳酸菌、酵母菌、硝化细菌、硫杆菌、革兰氏阳性放线菌等对池塘的水体进行生物改良，可抑制病原菌的繁殖，使水质达到"肥、活、嫩、爽"的标准，提高鱼体免疫功能，预防细菌性鱼病的发生。

5. 定期添换新水

使用蓄水池，沉淀、过滤、消毒池水后，适时注水或换水，改善池塘水质，保持水质清新，补充水体的溶解氧，条件许可每 15 天换水 1 次，在 6—9 月鱼类生长旺季，每周换水 1 次，每次换水量为 30 厘米，应先排出池水再加已消毒的蓄水池的新水。

6. 养殖期间溶解氧的调控

当池塘水中缺氧时，会使水质恶化，将给养殖鱼类带来致命的危害，甚至全军覆没，这种缺氧大多发生在夜间或黎明，池塘溶解氧含量的变化原因大致有两方面：

（1）**耗氧因素**　① 池中生物呼吸消耗氧气；② 池中底质有机物氧化分解过程耗氧；③ 池中还原性物质在化学或生物代谢作用下氧化耗氧。

（2）**增氧因素**　① 空气中氧气溶于水中；② 水体交换注新水带入氧气；③ 池中浮游植物光合作用放出氧气；④ 增氧机的启动。

池塘出现缺氧的预兆：① 透明度在 20 厘米以下或 80 厘米以上；② 浮游植物繁殖过度；③ 水质恶化腐败，水色白浊；④ 鱼类大量浮头；⑤ 高温期、气压低、连续阴天、天气闷热无风。

池塘养殖是一个小的人工生态系统，因此，对水中溶解氧的调控是一个整体的综合调控，包括安装增氧机，合理投喂优质饲料，改善水中微生物结构和浮游生物的群落，改善底质和水质环境等，以提高水体溶解氧含量，保持水质稳定。

7. 调节 pH 值偏低与偏高的措施

（1）**处理 pH 值偏低**　① 施放 20 毫克/升生石灰，可提高 pH 值 0.5 左右；② 使用藻类的再生剂，迅速培植浮游植物，藻类生长茂盛，则 pH 值也随之升高；③ 使用光合细菌。

（2）**处理 pH 值偏高**　① 注入新水；② 使用降碱物，如有机酸等；③ 使用 EM 制剂。

8. 硫化氢

（1）**硫化氢的特点**　池塘硫化氢是在缺氧情况下，底质恶化，有机物被厌氧细菌分解而产生的，或是富含硫酸盐的水体，在硫酸盐还原细菌的作用下，使硫酸盐转化为硫化物而形成硫化氢。硫化物在酸性条件下，大部分以硫化氢的形式存在。

（2）**硫化氢对鱼类的影响**　硫化氢对鱼类和其他水生生物有很强的毒害作用，因硫化氢能与鱼类血红素中的铁化合，使血红素减少，对皮肤也有刺激作用。

（3）**防止硫化氢产生的方法**　改善池水溶氧状况，避免底层缺氧，采用光合细菌以清除硫化氢。

9. 氨

（1）**池塘水中氨的来源**　主要是水中缺氧时，含氮有机物被反硝化细菌还原产生氨；其次是水生生物代谢排出氨。

（2）**池水中氨的特点**　氨易溶于水，和离子铵在水中可以相互转化，它们的比例取决于池水的 pH 值和水温。pH 值越大，水温越高，氨的比例越大，毒性越强。氨的含量在水中具有一定变化规律，一般早晨池水的氨含量最低，且上、中、下三层含量较接近。随着光照增强，中、上层水温逐渐升高，浮游植物光合作用增大，水中游离二氧化碳减少，pH 值升高，虽然总氨减少，但氨的比例增大，到下午 16：00，上层水的氨含量达到最高值，下层水 pH 值低而氨含量达到最低值，上、下层水氨含量可相差十多倍。夜晚，随着上、下层水对流，整个水体的氨含量趋于平衡。

（3）池水中氨对鱼类生长的影响　氨对鱼类的毒性很强，能使鱼类产生毒血症，当池中有氨，可抑制鱼类的生长。

（4）氨的改良措施　可通过晴天中午开增氧机和进注新水，促使上、下层水对流，提高无毒离子铵的比例，掌握合适的铵态氮肥量，防止施用量过大而使池水中氨的含量达到危害鱼类的浓度。

总之，池塘养殖水体的水质因子有很多，其有各自特性，又相互影响，相互联系，关系错综复杂，共同作用于水产养殖的全过程中，只有了解养殖鱼类与环境的关系，并正确处理这种关系，采取科学的措施，为鱼类创造良好的生态环境，才能发挥鱼类的生长优势，不断提高养殖产量和鱼类质量，从而提高养殖的经济效益。

第四节　池塘养殖的日常管理

池塘养殖管理是一项非常重要的工作，人们在实践中总结出的养鱼经验为"三分技术，七分管理"，俗语说"种田人不离田头，养鱼人不离池塘"，养鱼户每日吃住都在池塘，可见要养好鱼来不得半点马虎，而且在养殖期间每日都要进行巡塘，观察鱼池环境的一切变化。每日定时观测水温、溶解氧、pH 值、水色、水位变化及鱼的摄食、活动、病害等情况，做好记录，日常的管理内容如下所述。

一、勤巡塘、防鱼"浮头"

每日要巡塘 2～3 次，黎明前后巡塘，着重观察鱼"浮头"情况，如日出后 2～3 小时鱼浮头，表示池水过肥或残饵过多，应停止投饵。午后或黄昏观察鱼的摄食和活动情况，以确定投饵和施肥量，并观察有无"浮头"预兆。一般在春夏之交，天气多变或盛夏酷暑时要特别注意午夜前后的巡塘，防止严重浮头。

鱼类"浮头"的原因是因水温高，溶解氧少，有机物分解强烈，日落后浮游植物的光合作用停止，鱼类呼吸作用旺盛大量消耗水中的氧，而引起鱼类缺氧。

1. 鱼类"浮头"的预测

预测鱼类"浮头"是非常重要的，以便在鱼类"浮头"之前做好预防措施。要着重把握以下几点：

① 天气热、水温高、水质肥时，鱼类大多在黎明或半夜以后发生"浮头"，而且多吃多浮，这种天气如果持续不变，经常注意增氧，启动增氧机，可以不必减食。

② 天气闷热、无风、气压低、雷阵雨、因底质污泥产生有害物质，促使鱼类"浮头"，这种情况容易引起"泛塘"，应减食或停止投饵，并及时增氧。

③ 气温高、刮西南风、下小阵雨、有雾、水色突变、鱼类食欲突然减退，这是将要发生严重"浮头"的预兆。必须对池水进行全面增氧。

④ 梅雨季节一般光照弱，浮游植物光合作用差，鱼类易缺氧"浮头"。在农历的七月前后，天气变化激烈也容易引起"浮头"。

2. 防止鱼类"浮头"的措施

（1）做好观察与预防工作　发现鱼类将有"浮头"迹象时，应停止施肥和投饵，要立即注入新水，增加水中溶解氧，调节水质，这是最积极有效的措施。

（2）若换水有困难，可采用下列各种应急措施　① 每亩鱼塘用黄泥 100 千克加食盐 5 千克或生石膏粉 2.5 千克调成浆，全塘泼洒；② 每亩施尿素 1.0~1.5 千克或食盐 5~10 千克溶水全塘泼洒；③ 每亩用明矾 0.5~1.0 千克溶水全塘泼洒；④ 每亩用黄泥 5.0 ~ 7.5 千克加水成浆，再加入尿 50 千克，搅拌全塘泼洒。采用上述这些急救方法，除了能使反塘的腐殖质迅速沉淀，减少溶解氧消耗，使缺氧得到缓解。

二、观察水色、控制水质

1. 察水色

水色标志着池塘水质的肥瘦和优劣，水色呈黄绿色或茶褐色是"肥水"，这种水色上午较淡，下午转浓，呈现"朝红晚绿"，说明浮游生物量多，池水溶解氧充足，应控制和保持这种水色。

水色清淡，呈现淡黄色或淡绿色的是"瘦水"，池水透明度大，要及时投饵和施肥。

若水色呈深蓝色，透明度低，水色昼夜没有变化，水肥而不活，水质虽然肥，浮游生物量很多，但这种水为"老水"，应添加新水或全池转换新水并加开增氧机解决。

呈红棕色或淡红色的是"恶水"，水中含有大量的红藻，这些藻类含有毒素，会引起鱼类中毒死亡。

2. 防"水反"

"水反"多发生在春夏季阴雨天气的沙底塘，其特征是水清见底，塘鱼整天"浮头"，塘边水蚤很多，而浮游植物极少，池水溶解氧降至 1 毫克/升以下。

预防方法：①冬季清塘时，要彻底清除塘底过多的腐殖质；②放养适宜的大规格花鲈；③及时注入新水，增加水中溶解氧；④适当施肥，促使浮游植物繁殖；⑤定期投放有益微生物制剂 EM。

3. 防湖淀

湖淀是一层漂浮在水面上呈蓝绿色的水花或藻层，出现湖淀时，池水发出一阵阵难闻的腥臭味。湖淀多由微囊藻引起，一般发生在夏季或秋季。微囊藻喜生长在水温高和碱性大的水中，当

pH 值为 8.0~9.5，水温为 28~32℃时繁殖快，主要为铜绿微囊藻，鱼吃了不消化，影响生长。藻体死后，蛋白质易分解，产生羟胺、硫化氢等有毒物质，严重影响鱼类的生长。

防治方法：① 根据水色进行换水，抑制微囊藻、蓝藻的繁殖；② 可用 0.2 毫克/升二氯异氰尿酸钠全塘泼洒消毒，每亩再用沸石粉 12.5 千克全池泼洒，以净化水质；③ 在微囊藻繁殖旺盛时，每亩用生石灰 2.5 千克调成石灰乳全池泼洒，可抑制其繁殖。

4. 防酸水

鱼塘发酸多发生在水深的老化塘和新开挖的新池塘，pH 值多为 3~4，含铁量高，底质有一层棕色的铁锈，水清见底，无任何生物，鱼类难以生存，这类塘每亩用生石灰 38~50 千克泼洒全池，以中和池水的酸性。

5. 防"泛池"

鱼塘"泛池"是鱼类缺氧引起"浮头"，若不及时抢救，就会引起鱼类死亡。"泛池"也叫"反池"或"反塘"。

"泛池"多发生在夏秋之间，出现在"回南撞北"（即天气由暖突然变冷），或酷暑季节，打雷暴雨，乍晴乍雨（白撞雨），或者台风前夕气温高，气压低，或是连续数天大雾等情况。"泛池"前的征兆可归纳为："日落黄昏后，鱼儿沿边游，塘面静如镜，明晨大'浮头'。""泛塘"时全塘鱼类成群打转或狂游或横卧水面，甚至头撞池边，呈现奄奄一息状态。

泛塘的原因：① 投饵、施肥过多，引起水质太肥；② 池底腐殖质沉淀过多，二氧化硫含量高，底质恶化；③ 鱼类放养密度过大；④ 酷暑天闷热，突然大风暴雨，使表层水温急剧下降，水的相对密度增大而下沉，底层水温高，相对密度小而急剧上升，上下层形成对流，致使翻塘，造成缺氧，引起鱼类"浮头"或中毒死亡。

防治方法：① 冬季要彻底清塘；② 日常管理要科学投饵和施

肥;③ 发生"泛池"时,应及时注进新水(注意不要过猛,以防造成"反塘"),启动增氧机;④ 每亩用 0.75~1.50 千克明矾溶水后全池泼洒,或每亩用尿素 0.5~0.755 千克,或施食盐 2.5~5.0 千克,使腐殖质沉淀,最后每亩用 12.5 千克沸石粉改良底质。

三、勤进水、促生长

鱼塘水位要随鱼体大小和季节不断调整。在温度高和鱼类旺食季节,需不断加注新水,最好每月加水 4~5 次。增加大鱼的活动空间和水中溶解氧,改善水质,有助于浮游生物繁殖,保持水环境的生态平衡,促进鱼类生长。

四、勤清洁、防病害

巡塘时要经常把池塘中的杂草和残渣清除掉,清洗饵料台,向塘边及饲料台撒上生石灰消毒,定期投放必要的药物和有益菌,以预防病害的发生。

五、合理施肥和科学投饵

施肥的目的是增加池塘水中各种营养物质,促进饵料生物的繁殖。施肥能促进水中细菌和浮游植物单胞藻的繁殖,而细菌和单胞藻的大量繁殖,又促使浮游动物和底栖动物的生长,形成池塘水中食物链,为鱼类提供天然的饵料,所以施肥是池塘养殖的最基本工作。

(一) 合理施肥

常用的肥料有两种,即有机肥料和无机肥料。

1. 有机肥料

(1) 粪肥　主要是牲畜粪和人粪便,其他如养蚕地区的蚕屎;鸡、鸭等畜禽粪。粪肥主要成分是氮、磷、钾,尤以氮素为主。在人的粪尿中大部分是蛋白质,但必须经过发酵后才能起肥效作用。

因此，起效比无机肥料要慢，但比家畜的粪尿要快。在家畜粪便中，大量纤维素的分解较蛋白质慢。人和家畜类尿成分见表2-2。

表2-2 人畜粪肥成分（%）

成分	种类	人	家畜		
			牛	羊	猪
水 分	粪		80～85	57～63	80.5
	尿		92～95	80～85	97.6
有机物	粪		14.6	24～37	15
	尿		2.3	5	2.5
氮 素	粪	1	0.3～0.45	0.7～0.8	0.5～0.6
	尿	0.5	0.6～1.2	1.3～1.4	0.3～0.5
磷 酸	粪	0.5	0.15～0.25	0.45～0.6	0.45～0.6
	尿	0.13			0.07～0.15
氯化钾	粪	0.37	0.05～0.15	0.3～0.6	0.35～0.5
	尿	0.19	1.3～1.4	2.1～2.3	0.2～0.7
灰 分	粪		1.9	5～5.7	2.16
	尿		3.1	3.2～6	1.44

（2）**厩肥** 厩肥是家畜粪尿和褥草的混合物，主要成分还是粪便，因此，肥效与家畜粪尿基本相同。施用时可堆放于塘边，使肥分逐渐溶解入池中。

（3）**绿肥** 各种野生的无毒杂草、植物的嫩枝叶以及各种作物的茎秆等均可作绿肥使用，施用时可将上述原料捆扎成束，放进池塘一角，经常翻动，对肥水有较好的效果。经过一段时间后，要把残渣捞出来，保证水质良好。

2. **无机肥料**

又称"化学肥料"，由于肥效较快，也称"速效性肥料"。一般所含营养元素单一，故有氮肥、磷肥和钾肥等之分。

（1）**氮肥** 含有氮素，主要种类有硫酸铵、氯化铵、硝酸铵、尿素等。这种以铵态存在的氮肥，如遇碱性肥料（如生石灰等），就会损失肥效。

（2）**钾肥** 含有钾素，主要种类有氯化钾、硫酸钾和草木灰等。在池塘中钾元素比较充分。

（3）**磷肥** 主要有过磷酸钙、重过磷酸钙等，它们都是可溶性的磷肥，施入池塘中几天即可生效。

各种化学肥料，由于元素单一，因此要相互配合使用。在培养浮游生物时，氮、磷、钾三种化肥的配合比例要因池塘水质而不同，例如有的为8:8:4，通常肥水用的化肥氮磷比为3:1～7:1，有的用10:1促进硅藻繁殖。因池塘中钾元素较多，所以很少用钾肥，要具体掌握。

（二）科学投喂

养好鱼要掌握鱼类的摄食规律，要根据不同季节、天时、水质和鱼的大小、活动情况等，进行科学投喂，即"四看"、"四定"投饵。这是促进鱼类健康成长和防病的重要措施。

1. "四看"

（1）**看季节投饵** 四季中鱼的摄食是"两头少，中间多"。根据1年的养殖周期两头水温偏低，中间水温高和生长速度的不同，两头少喂，中间多喂。

（2）**看天时投饵** 天气晴朗应多投饵，阴雨天少投些，闷热天无风，下阵雨前，停止投饵。雾天气压低，需待雾散开后投饵。

（3）**看鱼投饵** 鱼类吃得正常，一般是投喂后7～8小时能吃光的，可适当增加投饵量，若投饵后鱼吃不完，应减少投饵量或停止投饵。

（4）**看水色施肥** 常年施肥，要掌握春秋量大、次少；夏季量小、次多。水色清淡，要及时施肥；水质过浓，pH值高，要停止施肥，天气闷热无风，以少施肥或不施肥为好。

2. "四定"

就是投饵要定时、定位、定质和定量。这四项措施主要是通过饲养管理，增强鱼体的抗病力。

（1）定时 投饵要有比较固定的时间，但也应随季节、气候的变化作适当的调整。如早晨雾大、"浮头"或下大雨，应适当推迟投饵时间。在密养的流水池要"少吃多餐"，即投饵次数要多，每次的投饵量要少。平衡充足的饲料是保证鱼类生命活动代谢的物质基础。在水质良好稳定的环境要让鱼吃饱、吃好，健康成长。

（2）定位 是指投饵要有固定的食台，使鱼养成到固定的食台去吃食的习惯，便于观察鱼类动态，检查池鱼吃食的情况，在鱼病流行季节便于进行药物预防工作。

（3）定质 是指饵料要新鲜和有一定的营养成分，不含有病原体或有毒物质，保证养成无公害的健康安全的商品鱼。

（4）定量 是指每次投饵的数量要均匀适度，一般以 3～4 小时内吃完的量为适宜。若有吃剩的残饵，应及时捞除和消毒清理食台，不能在池内腐烂发酵，败坏水质，这也是防病和提高健康水平的关键问题。

六、鱼病的防治

做好鱼病的防治工作，是发展鱼塘生产，获得稳产高产的基本保证之一。

鱼病防治要贯彻"防重于治"，专业性防治研究和大搞群众防治鱼病运动相结合的方针，采取"全面预防，积极治疗"，"无病先防，有病早治"的措施，控制鱼病的流行。

1. 鱼病的原因

鱼病的原因有以下几种：① 清塘消毒不彻底；② 鱼体质弱，苗质量差；③ 运输操作不当，鱼体受伤；④ 放养密度大，搭配比例不当；⑤ 投喂饲料质量差、变质；⑥ 鱼具等带菌，未做好消毒；⑦ 病鱼、死鱼随意丢弃，诱发鱼传染病；⑧ 水质变坏、环境差；⑨ 池塘设计不合理，无独立排灌系统。

2. 鱼病防治

（1）**消灭病原体的传播**　用生石灰、漂白粉消毒，做好检疫工作，严防病害传播。

（2）**加强管理，增加抗病力**　加强管理人员的专业水平，建立健全鱼塘管理制度，科学管理鱼塘。

（3）**做好药物防治**　在鱼病流行季节做好 5 个基本预防措施：鱼体消毒、饲料消毒、食场消毒、药饵预防、药物泼洒。

（4）**人工免疫预防**　近几年，我国对养殖鱼类的免疫研究，取得了可喜成绩，目前已经有注射型疫苗，可以对疫病进行防控，提高养鱼成活率。

3. 鱼病诊断

鱼病诊断方式有以下几种：① 肉眼诊断：查口腔、肌肉、肠道、鳃部；② 显微镜诊断；③ 细菌分离培养；④ 病毒性的检验；⑤ 现场调查以了解鱼病的类型。

第五节　咸淡水鱼类的池塘集约化养殖模式

一、养殖场地的建造

养殖场宜选择靠海岸、水源充裕、不受污染、交通方便、防台风、防海潮的地方造塘，尤以中潮线下为好，以尽量利用潮水进行注水。养殖场应具备良好的排、注水系统，排灌分家。无潮汐能力的养殖场则应设置提灌系统和机械增养设施。精养池塘面积一般为 0.6～1.0 公顷，中间培育池面积为 0.2～0.3 公顷，长宽比为 5:3，蓄水深度为 1.8～2.5 米。塘基坚实，不渗漏水。池塘的注、排水闸门宽为0.8~1.0米，最大日换水量为1/3。放养前，池塘需晒塘、清塘和消毒，以杀灭野生鱼、虾，装好闸门后进水。养殖杂食性或浮游生物食性鱼类的池塘，还需在放种前进行施肥培水。

二、养殖品种的选择和相应的养殖模式

河口性鱼类的养殖大致可分为单品种的纯养、多品种的混养和以单养为主的搭配养殖三种模式。

三、种苗的中间培育

海岸池塘养殖品种的种苗主要来源于两个方面：一是从我国河口沿岸采捕获得；二是从国外购进。无论哪一来源均需进行中间培育。

中间培育主要包括驯化和训饵两个过程。目前采用的方法有网箱标粗、网围标粗和小面积池塘标粗。适宜进行网箱、网围标粗的品种有鲯科、鲷科、笛鲷科和鲀科鱼类的仔鱼；适宜进行网围标粗的有鲻科、乌塘鳢科、金钱鱼科和鲀科鱼类的仔鱼；适宜在小面积的池塘标粗的包括所有较大规格的养殖品种和摄食浮游生物、固着藻类的鱼类种苗。一般网箱用力士网片做成，规格为6~20平方米，深度1.2~1.5米，网目大小视放养规格而定。规格3厘米，放养量为120~150尾/米^2，养成5厘米；规格5厘米，放养量为80~100尾/米^2，养成7~8厘米。网围同样用力士网片做成，长50米，高2米，每1.5~2.0米间隔用竹竿将网片的上下竿固定，并与网片、底竿一起垂直插踩入池底，成为一个封闭式网围。放养规格5厘米的种苗80~100尾/米^2，养成7~8厘米。小面积池塘标粗一般选用0.1~0.3公顷的水面，水深为1.2~1.5米。放养规格7~8厘米的种苗5~8尾/米^2，养成10~12厘米；植物食性仔鱼一般每亩水面放养规格2.5~4.0厘米的

种苗 10 000 ~ 15 000 尾，约 60 天养成规格 7 ~ 8 厘米。

驯化和训饵同时进行。驯化包括从适应野生环境转变为人工饲养；从适应高盐度转变为低盐度，抑或相反；从适应于开放式水域转变为可控式水域。生产实践的经验告诉我们，一般盐度的骤变值不能超过 5，越接近临界值，应激能力越低。训饵是通过人工诱食使原来以掠食野生鱼虾的习性改变为吞食人工投喂的鱼糜、鱼块或从软颗粒饲料到配合饲料的过程。

中间培育过程还要不断地调整规格，以减少互相残食而造成群体自然消减，影响培苗成活率。

四、投饵和管理

河口性鱼类的饲料由两大类组成：一是动物性饲料，以低值冰鲜小杂鱼虾为主，目前采用的低值鱼为沙丁鱼、蓝圆鲹、青鳞、狗棍、鲻鱼、梅童鱼、叫姑鱼等。二是植物性饲料，多以米糠、玉米、小麦、花生粕、豆粕类为主。鲻、鲷科等主动掠食性鱼类的日投饵量（以冰鲜鱼计）为鱼体总重量的 8% ~ 10%，养殖鲈鱼投喂配合饲料为鱼体总重的 3% ~ 4%，分两次投喂。投喂采用搭构小桥至池塘中央或稍偏排水口处慢慢均匀遍洒，务求饵料在未沉底前为鱼类所吞食；植物食性鱼类的投喂量为鱼体总重的 3% ~ 4%，具体视天气、水质、食欲而定。

养殖管理主要工作为水质调控，要多换水，特别是养殖后期，必要时还要增设增氧机，使水中的溶解氧经常维持在 7 毫克/升左右且不低于 4 毫克/升。养殖管理的另一重要环节是鱼病防治。

五、经济效益分析

养殖的效益受市场的需求量和销售价格所决定。以珠江三角洲为例，主要养殖产品销往港澳市场和毗邻的大中城市。养殖鲻、鲷、笛鲷、鲹科鱼类的池塘，一般 1 亩养殖水面，年产值为 1.6

万~2.0万元,总成本为1.25万元,其中物化成本为9 000元,池塘租金、基建摊销、人工工资、供水、供电、利息等费用3 500元,年纯盈利3 500~7 500元。养殖乌塘鳢的年产值为5万元,总成本为2.75万元,其中物化成本为2万元,年纯盈利2.25万元。混养鲻、草鱼、鳙、罗非鱼、鲤鱼、脂鲤等鱼类,年产值为8 000~10 000元,总成本为5 500~6 500元,其中物化成本为4 000~5 000元,年纯盈利2 500~3 500元。总的说来,河口性鱼类的池塘集约化养殖投入产出比为1:2。

1. 单品种精养

单品种精养是有别于我国池塘养鱼的一种新的养殖技术。适合进行单品种养殖的鱼类有鲻科、鲷科、笛鲷科、鲹科、塘鳢科和鲀科鱼类。这些养殖品种的共同特点是质优、高值;有明显的群体掠食、鲸吞饵料的能力,所需饲料价格高;对水质、特别是水的溶解氧含量要求较高,需要特殊管理。其具体养殖方法、养殖周期和养殖效果参看表2-3。

2. 多品种混养

混养能合理使用水层,最大限度地利用水域的生产力,使同一水体的多种养殖鱼类都处于一个良性生态环境中,从而增加水体负载力,提高单位面积鱼产量。适宜进行混养的品种多为滤食性(浮游生物食性)或杂食性鱼类。常用的养殖方法有鲻(梭)、草鱼、鳙、罗非鱼混养;鲻(梭)、草鱼、鳙、尖鳍鲤混养;鲻、黄鳍鲷、蓝子鱼混养;虮目鱼、蓝子鱼、金钱鱼混养;黄鳍鲷、金钱鱼、蓝子鱼混养等。具体放养方法、养殖周期与效果参看表2-4。

3. 以单养为主的搭配养殖

这是为了利用单品种精养过程中不可避免地产生的剩余饵料,以及调节因排泄物造成的水质过肥、浮游生物大量繁生而采用的养殖方法。一般是主养一个品种,辅以搭配放养一个品种。目前多采用的有鲻、鲷养殖;笛鲷、鲷养殖;鲹、鲷养殖和鲻、鲻养殖等。具体培养方法参见表2-5。

表2-3 河口性鱼类在池塘集约化单养

养殖品种	适应盐度	适应水温低限/℃	放养			收获				养殖周期/天	饵料系数/冰鲜鱼
			月份	规格/厘米⁻¹	密度/尾·亩⁻¹	月份	规格/克	单产/千克·亩⁻¹	上市率/%		
尖吻鲈	0~32	13	5	10~12	700~1 000	9—11	400~750	350~400	75~80	120~180	6
花鲈	0~32		4	10~12	1 000~1 200	11至第二年3	600~800	500~600	80~85	180~360	7
鲷类（黄鳍鲷、平鲷、灰鳍、灰裸顶鲷）	2~28		4	5~8	1 500~2 000	12至第二年4	100~150	150~200	80~85	360	9~10
紫红笛鲷	2~28		4	12~14	800~1 000	9—12	250~400	200~300	85~90	180~360	9~10
卵形鲳鲹	0~32	12	4	12~14	1 000~1 200	11—12	400~600	450~500	95	210~240	7
中华乌塘鳢	6~32	12	4	10~12	800~1 000	11—12	400~600	300~350	85~90	210~240	7
红鳍	2~20	7	6	3~4	10 000~12 000	12至第二年3	50~75	250~400	50~75	180~240	8
			3	10~12	4 000~5 000	10—12	150~230	400~500	85~90	300~360	8
			7	4~5	1 500~2 000	11—12	150~200	200~300	50~60	180~240	6
东方鲀	6~20		3	18~20	800~1 000	11—12	600~800	400~500	80~90	300~360	6

表 2-4 河口性鱼类的池塘集约化混养（商品养殖部分）

养殖类型	适应盐度范围	水温低限/℃	养殖品种	放养			收获				饵料系数
				月份	规格/厘米	密度/尾·亩$^{-1}$	月份	规格/克	单产量/千克·亩$^{-1}$	合计产量/千克·亩$^{-1}$	
鲻、草鱼、鳙、罗非鱼混养	0~8	12	鲻	2	7~8	350~500	翌年2-3	400~600	150~200	500~600	植物性饲为3，青料为20~30
			草鱼	2-3	20~25	150~200	11—12	1250~1500	200~250		
			鳙	2-3	20~25	30~35	7—8 11—12	1250~1500	75~100		
			单性罗非鱼	4-5	5~7	300~500	11—12	350~400	100~150		
鲻、草鱼、尖鳍鲤混养	0~11	7	鲻	2	7~8	350~500	翌年2-3	400~600	150~200	450~500	同上
			草鱼	2-3	20~25	150~200	11—12	1250~1500	200~250		
			尖鳍鲤	2-3	5~7	300~400	翌年2-3	500~750	100~150		
鲻、鲷（黄鳍鲷、平鲷、灰鲷）、蓝子鱼混养	0~20	7	鲻	2-3	7~8	200~300	翌年2-3	400~600	100~150	250~300	植物性饲为3，冰鲜小杂鱼8
			鲷	2-3	5~7	500~700	翌年2-3	200~250	100~150		
			蓝子鱼	4-5	5~7	200~300	11—12	150~250	20~25		

续表

养殖类型	适应盐度范围	水温低限/℃	养殖品种	放养 月份	放养 规格/厘米	放养 密度/尾·亩⁻¹	收获 月份	收获 规格/克	收获 单产量/千克·亩⁻¹	收获 合计产量/千克·亩⁻¹	饵料系数
虱目鱼、蓝子鱼、金钱鱼混养	2~20	12	虱目鱼	4~5	12~15	400~600	11—12	500~750	200~250	250~300	植物性饲料为3 适当添加有机肥
			蓝子鱼	4~5	5~7	200~350	11—12	100~150	20~25		
			金钱鱼	4~5	5~10	150~250	11—12	150~250	30~50		
鲷（黄鳍鲷、平鲷、灰鲷、灰裸顶鲷）、金钱鱼、蓝子鱼混养	2~20	12	鲷	2~3	5~7	700~900	翌年2—3	200~250	150~200	200~300	冰鲜小杂鱼8
			金钱鱼	4~5	5~10	200~300	11—12	150~250	30~50		
			蓝子鱼	4~5	5~7	200~300	11—12	100~150	20~25		
鲻、草鱼、短盖巨脂鲤、尖鳍鲤、罗非鱼混养	0~11	12	鲻	2~3	7~8	300~350	翌年2—3	400~600	120~150	500~600	植物性饲料为3，青料为20~30，添加有机肥
			草鱼	2~3	20~25	100~150	11—12	1500	150~200		
			脂鲤	4~5	5~7	200~300	11—12	450~500	100~120		
			尖鳍鲤	2~3	5~7	100~150	翌年2—3	500~750	50~75		
			单性罗非鱼	4~5	5~7	300~400	11—12	350~400	100~120		

表2-5　以单养为主,搭养为辅的海岸池塘集约化养殖

养殖类型	放养品种	适应盐度	适应水温低限/℃	放养			收获			
				月份	规格/厘米	密度 尾·亩$^{-1}$	月份	规格/克	单产/ 千克·亩$^{-1}$	合计单产 千克·亩$^{-1}$
鲈、鲷养殖	尖吻鲈	0~20	13	4—5	10~12	700~800	10—11	500~750	250~250	300~400
	鲷			3—4	5~8	200~250	翌年2—3	200	30~50	
鲈、鲷养殖	花鲈	0~20		3—4	10~12	800~1 000	翌年2—3	600~800	400~450	450~500
	鲷			3—4	5~8	200~250	翌年2—3	200	30~50	
笛鲷、鲷养殖	笛鲷	0~20	12	4—5	12~14	900~1 000	11—12	500~600	400~450	450~500
	鲷			3—4	5~8	150~200	翌年2—3	200	30~50	
卵形鲳鲹、鲷养殖	鲳鲹	6~20	12	4—5	10~12	800~900	11—12	400~600	300~350	350~400
	鲷			3—4	5~8	150~200	翌年2—3	200	30~50	
鲻鲷养殖	尖吻鲈 (花鲈)	0~20		4—5 (3—4)	10~12	700~800 (800~1000)	10—11 (2~3)	500~750 (600~800)	300~350 (400~450)	350~500
	鲷			3—4	5~8	100~350	翌年 2—3	500~750	30~50	

注:搭配的鲷科鱼类近淡水水域可选用黄鳍鲷,盐度在2以上可选用平鲷、灰裸顶鲷,盐度在6以上可选用灰裸顶鲷、平鲷、灰裸顶鲷和黄鳍鲷。

第三章　鲻鱼养殖技术

鲻（*Mugil cephalus*）（Linnaeus，1758）是当今世界上著名的养殖鱼类，它不仅是海水和咸淡水鱼类养殖的主要名优品种，而且也是淡水池塘、水库湖泊中与淡水鱼类混养的优良品种。特别是在沿海水域，属广温、广盐性种类，它的食物链层次低、生长快，疾病少、易养殖，还有养殖成本低等许多优点。由于鲻鱼肉丰厚、味道独特醇香、营养丰富、含蛋白质 26.96%、脂肪4.27%，无细骨，肉质细嫩清甜而不腻，是老少咸宜的高档海鲜。鲻鱼市场价值比淡水鱼高，活鱼可销往港澳，用其卵巢晒干所制成的"乌鱼子"，更是一种高级食品，已大量销往日本，争创外汇，在台湾地区专门养殖鲻鱼，将其卵巢加工成高级食品，分离出乌鱼子精蛋白中所含的氨基酸，其中含大量精氨酸，精氨酸对治疗人体肝昏迷有效。属于贵重药品之类。

我国从明代开始养殖鲻鱼，新中国成立以来，广东的鲻鱼产量中，鱼埕养殖产量占 35% ~ 40%，池塘养殖产量占 35%，尤以珠海、中山、东莞、台山等咸淡水池塘养殖鲻鱼为多。

第一节　鲻鱼的生物学特性

一、形态特征

鲻鱼体呈纺锤形、稍侧扁。脂肪眼睑特别发达，覆盖眼上。头小，吻宽短，口较大，下位，呈"V"字形。体披圆鳞，体侧背方青灰色，体侧下方及腹面银白色。体侧上方具有 7 条暗色纵条纹。背鳍前方有纵列鳞 14～15 枚。本种分布很广，从南海、渤海至太平洋、印度洋和大西洋都有分布。在我国近海都有分布，但南方较多，北方较少。鲻鱼在广东称斋鱼、乌头、乌头鲻等，与闽南和台湾的叫法大致相同。

二、生态习性

鲻鱼居于热带及亚热带水域，喜栖息于河口及港湾浅海区的咸淡水域，鲻鱼性活泼、喜跳跃，并可进入淡水，幼鱼喜群集，有洄游产卵的习性，有趋光性，趋流性明显；对盐度适应范围广，为 0～40；生活的水温为 3～35℃，最适水温为 17～25℃，水温为 0℃时会死亡。

三、食性

鲻鱼属杂食性鱼类、鲻鱼食物链短，具有强大砂囊状的胃，其肠长，以底泥腐殖质、沉积的有机碎屑等为食，刮食海底表层的底栖硅藻、丝状藻为主，也捕食桡足类、多毛类，摇蚊幼虫，小虾和小贝类等。在人工养殖条件下，可摄食花生麸、米糠、大豆渣、玉米粉、酒糟及人工配合饲料等，能满足鲻鱼生长的营养需要。

四、生长

鲻鱼生长速度快，年初放养的苗种，当年收获时可长到 150～300 毫米，体重达 250～500 克；2 龄鱼体长达 38 厘米，体重可达 1 000 克左右；3 龄鱼体长 45 厘米，体重达 1 600～1 900 克。

五、繁殖

鲻鱼性成熟及产卵期，一般雄鱼为 3～4 龄，雌鱼为 4～6 龄。性成熟的鲻鱼，便游向外海岛屿，准备繁殖。鲻鱼在冬季产卵，时间因栖息地区不同而不同，广东沿海在 11 月至翌年 2 月，怀卵量为 290 万 ~ 720 万粒/尾。刚孵出的稚鱼随水漂流，幼鱼时期一般随潮水进入港湾摄食。鲻食苗出现于 12 月至翌年 4 月，以 2 月数量最大。

第二节　鲻鱼的种苗生产

一、种苗来源

广东省及闽南沿海的鲻鱼自然苗分布较为普遍，但丰歉因年而异。鲻鱼的人工育苗在我国已获成功，但尚未达到产业化生产，养殖用的鱼苗主要依赖天然鱼苗。采捕鱼苗多在下列地区进行：① 沿海内湾江河口的咸淡水交汇处，以及沿海闸口附近；② 退潮后仍能保持一定水量的海港溪流及海湾内凹洼地带和沉潭；③ 海港内掩蔽物；④ 在"油泥"多的近岸滩涂或潮水沫多的水边界处；⑤利用鱼塭进行纳苗，渔民采取潮水上涨时，闸门逐渐开大，控制水流速度小于鱼苗游泳速度。利用鲻鱼苗的逆水习性，使大量鱼苗集中到闸口附近，待鱼塭水位高于海区 10 厘米左右时，全部打开闸门，让鱼苗逆水进入池塘内，闸门内外水位接近平衡时，立即关闭闸门。

鲻鱼苗的生产季节为 1—4 月（农历大寒至清明），1—3 月为旺季。

在大寒至立春捕的苗叫"寒苗"或"春苗"，"头水苗"质量好，杂鱼少，体长为 2 ~ 3 厘米，较整齐均匀；"雨水苗"次之；"惊蛰苗"质量差，杂鱼多，生长慢，成活率低。

采集天然鱼苗方法各地有所不同，一般使用手网、叉手网、小型地曳网等。也有的渔民利用夜间灯光诱集鱼苗，以及使用机动舢板两侧曳网采集。

二、鱼苗暂养、驯化的中间培育

在内湾、河口地区饲养鲻鱼，鱼苗可在当地捕捞，除去野杂鱼后，直接把鱼苗放入养殖池或经短途运输便可运抵养殖场地。如要经长途运输或在内陆淡水水域养殖，必须经暂养驯化，使之逐渐改变生活习惯。

1. 鱼苗暂养

暂养池建在河沟附近，咸淡水水源充足，面积 0.2～0.3 亩，水深 1 米左右、每亩可暂养 20 万～30 万尾，暂养时，池水中海水占 3/4，淡水占 1/4，以后逐渐添加淡水淡化，最后可全部使用淡水。整个过程约需经一个星期，驯化期间，一般不需投饵和施肥。

2. 鱼苗的中间标粗（培育）

鲻鱼苗经过一星期驯化，已能适应在淡水中生活，这时进行中间培育。先将育苗池排干、清除淤泥，暴晒数天，投放少量已发酵过的鸡粪，每亩 25 千克，然后加水至 10～15 厘米。选择晴天将已经淡化好的鲻鱼苗放入池中，每亩水面放养 10 万～15 万尾。并把池水水位提高到 1 米左右，每万尾鱼苗每天可投喂 1.0～1.5 千克的米糠或捣碎的花生麸。经过半个月的培育，鲻鱼苗体质健壮，体长可达 5 厘米以上，这时可放入成鱼池中饲养。

三、鱼苗运输

目前沿海各地大多是采用油布袋、帆布袋、鱼篓和塑料袋等容器来运输鱼苗。装运密度一般为每立方米水体装运长为 2～3 厘米的鱼苗 4 万～6 万尾。车上配备气泵进行充气。若用塑料袋运输，每袋盛水 10～15 升，装鱼苗 500～1 000 尾，充气密封。运输最好在温度较低的清晨或傍晚进行。

鱼苗在装运之前应经拉网锻炼，一般每隔一天拉网一次，共 2～3 次，并在清水中吊养几小时，使鱼苗排空肠道，可保持在运输过程中水质的清净。

第三节　鲻鱼的养成技术

鲻鱼养殖的方式可分为两大类型，即鱼塭养殖与池塘养殖。

一、鱼塭养殖

鲻鱼鱼塭养殖在我国有悠久的历史，该养殖方式是一种较为原始的粗养方式，主要特点是根据海区鲻鱼苗繁殖的时间，利用进水和排水纳入鲻鱼苗的低密度养殖方式。在生产过程中不清塘，不施肥，不投饵，完全靠天然水域的生产力达到生态平衡，产量较低，种类较多，生物多样性丰富，养殖水环境较好，细菌病也较少发生。在华南沿海鱼塭建在内湾或河口沿岸的中潮带，面积较大，一般达300～500亩，水深1米以上，利用退潮时鲻鱼苗会集中于排水口的逆水性特点，把它们纳入鱼塭内，然后靠塭中天然生物饵料维持生长，鱼塭经常利用每月的大潮排灌水，保持水质新鲜，同时可带入大量的饵料生物，可谓原生态的养殖模式。

二、池塘养殖

鲻鱼的池塘养殖是指在小水体内进行高密度精养，一般以5亩左右，水深1.5米，设有进、排水和提水及增氧设备，进行精养。鲻鱼池塘养殖可分为海水池塘养殖和淡水池塘养殖，从养殖方式来说，又可以分为单养和混养模式，养殖的工艺流程基本上一致。

1. 放养前的准备工作

（1）整修池塘与消毒　在秋冬把池水排干，暴晒，清淤，平整池底，加固堤坝、闸门等，每亩用生石灰60～70千克加水搅拌后全池泼洒，10 天后可进水。

（2）肥水　池塘进水后抓紧时间肥水，鲻鱼在水质肥的池塘里生长好，因此应多施基肥，将有机粪肥和无机肥结合施用效果更好，一般每亩用有机肥 50 千克，化肥 3～4 千克。施肥目的在于增加池水中的浮游生物量，给前期鱼苗提供丰富的基础饵料生物。

2. 鱼种放养

鲻鱼鱼苗的放养时间要依据各地鱼苗出现的时间，鱼种培育时间和气候等情况有所不同。一般宜早不宜晚，早放鱼苗生长期长，有利提高产量。广东省珠江口沿岸放养鲻鱼的池塘，每亩可放 4 厘米的鱼苗 4 000 尾，或 7 厘米的苗种 1 500 尾。生产经验认为单养不能充分发挥水体生产力，现多采用混养，混养时各种鱼类搭配比例可根据各地实际情况而定。

在珠江三角洲咸淡水池塘一般采用鲻鱼与罗非鱼或黄鳍鲷混养；还有一种混养方式是以养殖对虾为主混养鲻鱼；在淡水池塘，常以鲻鱼与淡水家鱼混养，在珠江口一带多采用以池塘混养为主的养殖模式。池塘混养模式见表 3 - 1。

表 3 - 1　池塘混养模式

放养品种	规格	放养密度 /尾·亩⁻¹	养殖造次	收获规格 /千克·尾⁻¹	产量/千克
鲻鱼	5～6 厘米	250～300	1	0.5～0.6	125
草鱼	0.25～0.50 千克/尾	100～150	2	1.25	125（纯产）
鳙鱼	0.5 千克/尾	25	2	1.25	30（纯产）
黄鳍鲷	10～12 厘米	150～200	1	0.25	20（纯产）
鲈鱼	5～6 厘米	10～25	1	0.75	10

3. 科学施肥

池塘的科学施肥是健康养殖的重要环节，也就是"养鱼就是养水"的道理，施肥的目的是培养池塘中的浮游生物，也就是渔农所谓"肥水"，要使池塘中水"肥、活、嫩、爽"，就是为鱼增加天然饵料。肥水用的肥料种类有：

（1）**有机肥料**　主要有绿肥、发酵后处理的鸡粪和混合堆肥等。

（2）**化学肥料**　主要有尿素、硫酸铵、硝酸铵、过磷酸钙等。

施肥最好用有机肥，这些肥料有的可以直接供鱼摄食，或者通过肥效的作用繁殖饵料生物，而且有机肥营养全面，耐久性强。关键是如何掌握施肥的时间及适度用量，一般经验是根据水色及透明度而定，其原则是及时追肥，少量勤施，以使水质稳定，水色保持浅褐色带绿为适宜。

4. 饲养管理

在混养池塘中可以不必单独投给鲻鱼饵料，也可将花生麸、米糠、豆粕、酒糟等与泥土混合投喂。投喂要做到"四定"，即定质、定量、定时、定位。在池塘的排水口应建立竹箔装置，以防鲻鱼逃逸。在池塘底如有大量淤泥，夏秋季天气闷热时很容易引起泛塘，故应加强巡塘。发现鱼浮头时应及时注入新水，有条件的可在池塘中安装增氧机。在水较浅的池塘，需在池塘的一角搭建一个遮荫栅、竹篷或芦苇篷等设施，其大小占池塘面积1/5～1/4，以便在水温过高时，鲻鱼可以趋避。

5. 鲻鱼的收获

目前在养殖生产中多采用轮捕措施。鲻鱼苗放养的数量多，幼鱼生长快，在养殖的中后期必须进行捕大留小，一般从7月份以后开始陆续疏捕，到年底捕完。初捕时每尾100～150克，到年底可达250～500克。

一般用拉网捕捉鲻鱼，在捕捉时操作要轻，防止鱼体受伤掉鳞，有条件的地方，最好将捕起的鲻鱼直接投入盛有冰水的容器中，这样可以保持鱼体伸直、鳞片完整，体表无充血，保证鱼的新鲜度，在市场上的售价较高。

第四节　鲻鱼的病害防治

鲻鱼在饲养中一般病害较少，常见的病害有以下 4 种。

一、鱼虱病

（1）病原　鱼虱（图 3-1）为常见的鱼体外寄生的节肢动物，附着在鱼体上吸取鱼体营养。

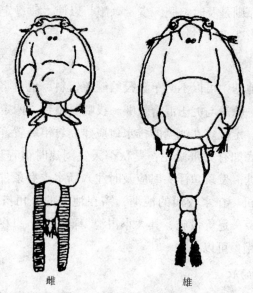

雌　　　　　　　雄

图 3-1　鱼虱

（2）症状　被寄生的鲻鱼表现为回转跳躁，惶恐不安，轻者体质消瘦，重者致死。

（3）防治方法　冲注淡水，使鱼虱脱离鱼体。

二、白毛病

（1）**病原** 为一种水霉菌所致。

（2）**症状** 病鱼鱼体受伤，鳞片脱落，鱼体上遍生白毛，出血。此病多发生于初春，因水质恶化所引起。

（3）**防治方法** 改善水质，结合喷洒硫酸螯合剂，有效浓度为1～3毫克/升。

三、破肚病

（1）**病因** 当久旱不雨，池水盐度过高，突降大雨，盐度突然剧降时，由于鱼体内渗透压突变所引起。

（2）**症状** 由于口中吸入大量淡水，使鱼体腹部膨大，造成体内组织破裂，引起大量死亡。

（3）**防治方法** 及时排换池水，有增氧机的要启动。

四、肠炎病

（1）**症状** 病鱼鱼体发黑，食欲减退，腹部膨胀，肠道红肿充血，有大量黄色黏液，体腔有腹水。

（2）**防治方法** 每100千克鱼体重，每日用土霉素10克，拌在饵料中投喂，连服3～5天。

第五节 鲻鱼的养殖实例

一、养殖实例一

浙江省余姚市西北街道办事处农经办史久和等，进行人工淡水养殖鲻鱼，经两年试验研究，基本摸索出一套较为合理和成熟的技术，总结出可操作的淡水养殖方案和采用混养技术达到高效养殖的模式。

（一）养殖过程

1. 苗种选择

鱼苗来自上虞松厦，捕捞自然繁殖于杭州湾的野生鲻鱼苗，经淡化培育后，选择体长在 1 厘米左右的鱼苗进行淡水养殖。

2. 试验设置

试验在余姚市顺通水产养殖场进行，采用鲻鱼分别与中华绒毛蟹和花白鲢鱼混养技术，放养前每亩鱼塘撒 75 千克生石灰清塘消毒。在饲养过程中，鲻鱼一般病虫害较少，常见是寄生虫病和水霉病等，主要采取每月两次在气温较高的晴天，用 15 ~ 20 千克/亩的生石灰对鱼塘进行水体消毒，经常清除池塘中的污渣、水草及池边杂草，适时注换新水，防止病虫害发生。

3. 试验经过

2001 年 6 月在 7 亩鱼塘内投放鲻鱼苗 3 000 尾，进行育苗，到 2002 年 3 月转入 14 亩鱼塘进行育成。在各个时期做好相关数据的调查记载。利用鲻鱼在气温高时生长速度快及与鲢鱼食性相似又喜食油性食物的特点，育苗阶段每日投入油饼糠 3 千克，育成阶段每日投 10 千克，附属饲料为平时用来喂养河蟹和花鲢的经特殊加工粉碎后的牛血，到 2002 年 8 月捕捞上市。因死苗率较高，最终到育成上市时商品鱼只有 2 156 条，成鱼率只有 71.9%。

（二）结果与分析

1. 生长情况

2001 年 6 月投放的鱼苗，经 60 天饲养，体长从平均 1 厘米长到 3.5 ~ 4.0 厘米，至 11 月上旬体长达 4.5 ~ 5.0 厘米，到 2002 年 3 月平均体长达 16 厘米、重 55 克，8 月份捕捞时单条平均体长 32 厘米、重 425 克。14 亩鱼塘鲻鱼总产量达 916.3 千克，平均亩产 65.45 千克。

2. 养殖成本

鲻鱼整个生长周期内，共投喂油饼糠 2 610 千克，按 1. 36 元/千克计算，支出 3 549. 6 元；花费人工 200 工时，支出 5 000 元，鱼苗成本 210 元（ 0. 07 元/尾），采用混养技术，鱼塘整理、消毒、换水及附属饲料等成本可忽略不计。14 亩鱼塘混养鲻鱼合计成本为 8 759. 6 元。

3. 经济效益

人工淡水养殖鲻鱼的上市季节主要为每年 7—8 月，正好避开下半年海水鲻鱼的上市高峰，且可做到活体上市，因而市场价格较高。2001 年 8 月份每千克鲻鱼市场批发价平均在 23 元左右。14 亩鱼塘鲻鱼总产值达到 21 074. 9 元，扣除直接生产成本，可增加经济效益 12 315. 3 元，平均每亩鱼塘增加 879. 66 元，增效十分明显。

二、养殖实例二

山东省文登市水产技术推广站宋宗岩根据多年的养殖经验，对鲻鱼的养殖方法与技巧进行了认真的总结与分析，现介绍如下。

（一）鲻鱼的养殖方式

在我国北方沿海地区，利用池塘单独精养鲻鱼的并不多见，其原因是产量低而不稳定，主要养殖方式是粗养和混养，就是人为地将鲻鱼同相互有利的不同养殖种类，按一定比例搭配，在同一个池塘中进行混养，使其池塘中各生态位和营养位均适宜于混养的其他对象，形成相互利用、相互促进、生态互补的生态环境，有效地提高单位面积产量和经济效益。

（二）混养品种搭配

目前鲻鱼与其他养殖品种混养的模式很多，主要有鲻鱼与对虾、贝类混养，鲻鱼与对虾混养，鲻鱼与海参混养，鲻鱼与贝类混养，鲻鱼与梭子蟹混养，鲻鱼与其他海水鱼类混养，在淡水养殖中通过驯化处理与四大家鱼和南美白对虾混养等。通过生产实践验证，采取以上混养模式，都取得了比较理想的效果，单位面积产量和经济效益也有不同程度的提高。在海水养殖中以鲻鱼与对虾、贝类混养最为理想。

（三）养殖池塘条件

根据不同混养品种的生活习性，选择适宜的养殖池塘，如鲻鱼与对虾、贝类混养，选择池塘首要考虑的是底质，以泥沙质为好，池塘底部要平坦并能排净池水；其次要根据鲻鱼和对虾的生活习性，选择面积适宜、进排水方便、水质清新而无污染、水深保持在1.3～1.5米、盐度不低于15、水体 pH 值为7.5～8.5的池塘。放苗前要按混养品种的栖息要求进行池塘底质整修、消毒以及肥水工作。

（四）苗种的选择与放养

1. 苗种选择

混养鲻鱼可选当年3—4月份从海区捕捞的1龄小规格苗种，一般体长为2～3厘米、体重为0.1～0.3克，进行苗种养殖；也可选经过暂养的2龄大规格苗种，体长为16～18厘米、体重为40～60克，进行成鱼养殖。

2. 苗种放养

鲻鱼苗种的放养时间最好选择在4月份，水温为10℃左右。进行苗种养殖的池塘每亩放养量为300～500尾，进行成鱼养殖的池塘每亩放养量为100～180尾。在捕捞、过数、装苗、运输环节操作要仔细认真，尽量避免损伤鱼体，影响成活率。鱼种可采用装鱼桶或薄膜袋充气法运输。鱼苗运到目的地后，要先测量装苗水温与养殖池水温是否一致，如相差较大要将两者调到基本一致，再将苗种轻轻放入养殖池中。

（五）养殖管理

1. 饵料的投喂与施肥

混养的鲻鱼在养殖前期，由于池塘天然饵料充足，不需要投放任何饵料。养殖中期随着各混养品种摄食量的加大，池内天然饵料开始不能满足各混养品种的需求，这时要根据其他混养品种的主次适当增加投饵量。例如鲻鱼与虾混养，可适当增投对虾饵料，鲻鱼可充分利用对虾摄食后剩余的残饵，从而满足其快速生长的需求。在养殖后期随着各混养品种摄食量进一步增大，此时池水要及时追肥或及时投放适量麸皮和其他鱼类饵料，以保证鲻鱼能摄食到足够的饲料。

2. 水质管理

养殖期间要做好水质调节，鲻鱼苗种放养后水位要保持在0.5~0.7米。若有冷空气侵袭，水位要调至1米以上，养殖前期以添水为主，养殖中后期以换水为主，换水量应控制在15%~20%，并随时观察水质变化情况，适时调整，始终保持池水肥而不老和嫩而爽，严防水质突变造成养殖品种缺氧"浮头"。

3. 病害防治

养殖鲻鱼虽然发病率低，但苗种体质娇嫩，性气躁，喜跳跃，往往在运苗过程中由于操作不当造成鱼体损伤严重而死亡，因此要小心操作，避免损伤鱼体。苗种放养时要进行药浴处理，养殖期间若发生水霉病，应采取加强水质管理等措施，防止水质老化，同时可投喂掺有大蒜的饵料，可有效地防止病害的发生。

（六）收获

鲻鱼的收获时间，可根据市场行情具体确定，通常在11月份，此时成鱼规格一般可达750~1 000克/尾。收获可采取放干池水或铺大网起捕的方法。

（七）小结

经过多年的养殖实践和调查研究，鲻鱼不宜单养，应与其他品种混养，混养有以下优点。

（1）**生长速度快**　鲻鱼的胃十分发达，对饵料的消化能力强，在混养过程中每亩投放100尾左右的鲻鱼苗，不用增投任何饵料，即可正常生长，当年达到商品鱼规格。

（2）**适应能力强**　鲻鱼是一种广盐性鱼类，可生活在各种不同盐度的水质中，对池水缺氧适应性比其他鱼类强，混养的其他品种往往因池塘水质败坏而缺氧死亡，鲻鱼仍能存活。

（3）**可起到报警作用**　在夜间，鲻鱼往往喜欢跳跃或集群于水面吞食水花并发生"喷、喷"声，当池水溶氧量降到一定程度后，鲻鱼活动和摄食声音消失，警示养殖人员池水可能缺氧，其他养殖品种将会出现"浮头"，应及时采取有效措施进行补救。

（4）**有利于净化池水**　鲻鱼主要摄食池底的有机碎屑和泥沙底中的藻类以及浮于水面的衰老蓝绿藻，可有效地改善池底污染、净化池水水质。

（5）**病害少**　在养殖过程中，只要在苗种捕捞放养时避免损伤鱼体，就可有效地避免病害的发生。

第四章 黄鳍鲷养殖技术

黄鳍鲷（*Sparus Latus*）（Houttuyn，1782）隶属鲈形目、鲷科、鲷属。广东俗称黄脚立、黄丝立、立鱼、黄墙，福建俗称黄翅、台湾地区俗称乌宗，赤鳍仔。它广泛分布于印度洋、西太平洋。南海、东海沿岸均有分布。黄鳍鲷肉质细嫩、味道鲜美，营养价值高，是高档的海鲜品，由于口感极佳，是海鲜酒家席上佳肴，有"海底鸡项"之美称。成为海淡水养殖的名优品种，是当今世界上水产养殖业发达国家和地区的主要养殖品种之一。20世纪80年代，南海水产研究所、福建省水产研究所陆续取得黄鳍鲷人工繁殖与育苗研究的成功。90年代初达到规模化生产水平。在我国海水及咸淡水养殖业中占有相当的地位。

第一节 黄鳍鲷的生物学特性

一、形态特性

黄鳍鲷体呈长椭圆形，侧扁，吻尖。头顶轮廓斜，背面狭窄，从背鳍起点向吻端渐倾斜，腹面钝圆，弯曲度小。上下颌前端具圆锥形齿6枚，两侧具臼齿4列。左右额骨分离。体被栉鳞，颊部有5行鳞片。

生活时体青灰而带黄色，体侧有数条灰色纵走线，沿鳞片而行。背鳍、臀鳍一小部分及尾鳍边缘灰黑色，腹鳍、臀鳍和尾鳍下叶黄色。

二、生态习性

黄鳍鲷为浅海暖水性底层鱼类。喜栖息于岩礁海区。幼鱼生活水温较成鱼窄，生活在近岸海域及河口湾，幼鱼生存适温为 9.5 ~ 29.5℃，致死临界水温为 8.8℃ 和 32℃，生长最适温度为 17 ~ 27℃；而成鱼可抵抗 8℃ 的低温和 35℃ 的高温。黄鳍鲷能适应剧变的盐度。在盐度为 4 ~ 33 的水中均能正常生活。可由海水直接投入淡水，适应一周左右，重返海水，仍然生活正常，而在咸淡水中生长最好。

黄鳍鲷没有远距离洄游习性，在南海近岸每年 10—11 月为生殖季节，在产卵前约 2 个月，便从近岸或生活的咸淡水水域中向高盐深海区移动，这一过程约需 2 个月，产卵后又重返近岸。鱼群产卵适温为 17 ~ 24℃，最适温度为 19 ~ 21℃，每年 1—2 月鱼苗大量出现于河口及咸淡水交汇处，鱼塭养殖在 1—7 月均可纳到不同规格及不同数量的种苗，但在珠江口水域以 1—2 月数量最多。

三、食性

黄鳍鲷为杂食性鱼类，所摄食的饵料生物有底栖藻类、底栖甲壳类、浮游动植物和有机碎屑等。

仔鱼期以摄食动物性饵料为主，倾向杂食性，成鱼什么都吃，杂鱼虾、花生饼、豆粕、米糠等均可作为饵料。每当初夏，水温回升到 17℃ 时，摄食量增加，20℃ 时摄食活动最频繁。一般在黄昏摄食最旺盛，下半夜很少或暂停摄食。

四、生长

黄鳍鲷在天然水域中的生长速度为：1 龄鱼体长 17 厘米，体重 150 克；2 龄鱼体长 22 厘米，体重 330 克；3 龄鱼体长 26 厘米，体重 560 克，最大个体体长可达 35 厘米，体重 3 350 克。

五、繁殖习性

黄鳍鲷为雌雄同体，雄性先成熟的鱼类。1~2 龄雄性性腺发育成熟，2~3 龄转变为雌性。每年产卵期为 10 月上旬，属一次性分批产卵类型。产卵水温为 16~23℃，盐度为 25~33。体长 26.5 厘米，体重 560 克的雌鱼怀卵量为 40 万粒。浮性卵，无色透明，卵径为 0.76~0.84 毫米，有 1 个油球。在水温为 20.5~22.6℃、盐度为 32 时，受精卵经 30 小时开始孵化出鱼苗。

池塘养殖的黄鳍鲷的性腺发育属先雄后雌型。体长小于 17 厘米的个体全为雄性，体长大于 29 厘米的个体全为雌性。在体长 17.1~29.0 厘米范围内，随着体长的增长，雌性个体比例由低到高明显增加。

第二节　黄鳍鲷的种苗生产

目前黄鳍鲷养殖所需的种苗大多数来自海区捕捞的天然鱼苗和人工繁殖的鱼苗。

一、海区捕捞的天然鱼苗

采用海区捕捞黄鳍鲷鱼苗要注意掌握好以下几个技术要点。

1. 生产季节

捕捞黄鳍鲷幼鱼苗的季节是每年 11 月下旬到翌年 2 月下旬。但初次见苗时间为 11 月中旬，旺发期在 12 月至翌年 1 月。2 月下旬后，鱼苗长大分散，只能捕到少量的大苗。

2. 掌握群体的变动和鱼苗的规格

每年立冬前，黄鳍鲷开始产卵，幼苗孵化后成群地游向河口和内湾觅食，11 月中旬开始出现少量体长为 0.5 厘米的鱼苗，靠岸的幼苗群体越来越大，以体长 2 厘米左右的群体最大。2 月下旬后，鱼苗长至 3 厘米以上，并游向较深水海区。

3. 捕捞工具和方法

捕捞鱼苗的网具主要有小拖曳网，麻布围网和缯网 3 种。前两种网的捕捞地点选在近海河口和内湾咸淡水交汇的浅滩，底质沙砾、盐度为 14～15 的海区。

中后期可用闸箔围海猎捕。捕捞时间选在朔望大潮退潮后的平流时进行，这时幼苗未能随水退出，停留在浅滩容易捕捞。捕捞时两个人在两边拖网。两个人在前面用蚶壳绳赶苗，让苗慢慢游入网内，然后慢慢收拢网。收网时要注意防止鱼苗附网摩擦受伤，又要防止搅混，导致幼苗缺氧窒息死亡。捞起鱼苗时要细心，慢慢放入事先准备好的桶或网箱。

缯网捕捞要选择在涨潮时进行。

二、人工繁殖种苗的培育

1. 室内水泥池或玻璃钢水槽培育

育苗容器采用室内水泥池（每个 20～100 立方米），或玻璃钢水槽（每个 4～15 立方米）。放养初孵仔鱼前，先将育苗水池或水槽彻底清洗，并用次氯酸钠、漂白精或高锰酸钾溶液消毒洗净，加过滤海水为池（槽）深的 1/2～2/3，加入已培养好的小球藻使池水呈淡绿色，初孵的仔鱼入池后每两天加一次轮虫，以后按水色及轮虫密度添加小球藻及轮虫。仔鱼的放养密度为 1.0 万～1.5 万尾/米^3，仔鱼放池后第 3～4 天开始添水，每天添加 5～10 厘米；根据育苗水质情况，一般 1 周后开始换水，每天换水一次，在换水时可适量添加淡水，使池水盐度从 30 逐步降低到 20 或再低一些。育苗的基础饵料生物依次为小球藻、轮虫、卤虫无节幼体，桡足类幼体及桡足类、裸腹溞等枝角类及鱼糜等。

2. 室外土池培育

育苗池的面积为 3.0～7.5 亩，水深为 1.0～1.5 米，池底平坦，沙泥底层，进、排水方便。用生石灰、强氯精或茶籽等药物按常规方法清塘除害后注入新水。进水时要用 60 ~ 80 目的筛绢过滤，以防野生杂鱼、虾、水母等有害生物进入池塘。然后施加经发酵的有机肥或氮肥，约 3 ~ 5 天后使浮游植物大量繁殖时，即可接种轮虫和桡足类等浮游动物，约经 3 ~ 6 天达到繁殖高峰，仔鱼即可下塘。初孵仔鱼经培育 2 ~ 7 天之后便可以移入室外土池，放养密度为 10 万尾/米^3 左右，仔鱼下塘后，须泼洒豆浆，每天 4 ~ 6 次。黄豆日用量 1 000 ~ 1 500 克/亩，连续泼洒 5 天左右，之后要根据池中天然饵料繁殖情况，适当补充一些卤虫幼体、鱼虾肉糜等或适当施肥；也可在池塘中挂袋，面积 10 ~ 20 平方米，袋内注入经过滤 200 ~ 250 目筛绢过滤的原池塘水，以电磁气泵充气，上盖遮阳网，直接将受精卵置于袋内孵化，开口前往袋内添加轮虫以提供饵料，数天后视袋内水质情况，将挂袋除去，仔鱼自然散于池塘中。

三、黄鳍鲷鱼苗的运输

1. 从海区捕捞的鱼苗运输

（1）**运输前鱼苗的处理** 从海区采捕的鱼苗，要经过筛选，除去鱼体瘦弱和受伤的鱼苗，因受伤的鱼苗容易感染细菌，引起皮肤发炎红肿或发生水霉病，鱼病会很快蔓延，造成大量死亡。经筛选的健康鱼苗，也必须用 0.15% 的福尔马林溶液浸洗 5 ~ 10 分钟。

起运之前，要吊养 2 ~ 3 天，使鱼苗受到锻炼和排泄掉粪便，减少运输中水质的污染。

（2）**掌握好运输的用水** 装运鱼苗的用水与暂养池水的盐度相接近，运输途中加水要保持盐度的相对稳定。

（3）**装运的密度** 海水鱼苗的耗氧量比淡水鱼苗高，故装运的密度要小一些。一般一个容积 350 升的大木桶，可装体长为 1.5 厘米的幼苗 5 万 ~ 6 万尾，或 2.5 厘米的幼苗 3 万 ~ 4 万尾。

（4）**增氧** 增氧是运输途中的重要环节，可采用人工击水和空气压缩机增氧补充相结合的方法，采用这种增氧方法，经过12~16小时的运输，成活率可达90%左右。

（5）运输到达目的地后的处理　鱼苗运抵后在下池塘之前，要调好池水的水温、盐度，不能与运输用水相差太大。鱼苗卸下后先稍为清洗，在池中吊养，让鱼苗休息1~2小时，再清理在途中的死鱼和污物，然后点数移往放养的池塘。

2. 人工培育鱼苗的运输

经过人工50~60天的培育，种苗即可出塘，为提高鱼苗长途运输的成活率，必须注意以下几个环节。

（1）鱼苗出塘前的锻炼　鱼苗出塘之前，要经拉网锻炼2~3次，每天1次，每天把鱼苗集中在斗池中吊养，吊养时间先短后长，以1~2小时为宜，然后放回池中。通过锻炼可使鱼苗排出黏液和粪便，提高鱼的活力，适应长途运输。鱼苗起运前，需吊养一段时间才能装运。

（2）掌握好运输水的盐度　装运鱼苗的用水盐度应与吊养池水接近。运输途中加换水也要保持相对稳定，一般以盐度20为宜，途中发现死鱼，应立即捞出处理，以免败坏水质。

（3）装运密度　采用大木桶装运鱼苗与海区捕捞的鱼苗相同，现以1981—1982年广东省饶平县鱼苗场用汽车运输黄鳍鲷鱼苗到深圳举例，见表4-1。

（4）增氧　增氧是运输鱼苗途中极为重要的环节，与海区捕捞的天然鱼苗运输一样，若用充纯氧的方法直接增氧效果更佳。

（5）放苗入池塘的处理　与海区捕捞天然鱼苗运输到达目的地处理方法相同。

表 4 - 1 黄鳍鲷苗运输情况

日期	起运数量 /万尾	存活数量 /万尾	成活率 /%	鱼苗规格 /毫米	运输时间 /小时	密度/尾·升$^{-1}$	水温 /℃	盐度
12 月 1 日	20	18	90	15 ~ 18	12	143	16 ~ 19	20
1 月 3 日	8.6	8	94	20 ~ 30	16	61	19 ~ 20	20
1 月 11 日	14	12.5	89	20 ~ 30	14	100	16 ~ 17	22
1 月 18 日	14	12	86	30 ~ 35	13	100	15 ~ 16	22

第三节 黄鳍鲷的养殖技术

一、黄鳍鲷网箱养殖

这里介绍的是浅海浮动式网箱养殖模式。该模式具有以下优点：投饵简便，移动容易，便于管理，投资较少，可集约化养殖，产量高，效益好。但不足之处是：网箱易受风浪影响而损坏、箱小鱼密易感染疾病、网破鱼易逃逸，网箱上易附着一些附着生物，影响水体交换等。

1. 场地选择

网箱养殖海区的选择，选择周年风浪较小，避风向阳、潮流畅通，水质清新、无污染的内湾或近海区，还要考虑饵料和苗种来源方便，供电、淡水水源、交通条件较好等多种因素，极大限度地满足黄鳍鲷对环境条件的要求。水深在退潮时要保持网箱底离水底1 ~ 2 米，以防箱底磨破而造成逃鱼。

2. 养殖网箱的装置

① 网箱规格尚无统一标准，根据生产实际情况，采用小型浮动式网箱养殖黄鳍鲷。目前我国较常生产的网箱规格有：2.5 米 × 2.5 米 × 2.5 米或 3 米 × 3 米 × 3 米，也有的用 3.5 米 × 3.5 米 × 3.5

米及 4 米 × 4 米 × 4 米等，用无结节网片缝合而成，网箱下方用镀锌水管弯成正方形，使网下沉并张开良好，网箱深度一般为 2 ~ 5 米，多为 2 ~ 3 米。

网目以鱼的规格而定，在不引起逃鱼为前提下，网目可适当放大，以节省网衣材料，降低网箱成本，提高水交换能力。网目大小一般可根据鱼体高的 2 倍小于鱼体周长的原则。即 2 个单脚的网目长要小于鱼种的体高为依据选择网目。

② 用长 10 米（或 6 米）、宽 0.2 米、厚 0.12 米的方木做成框架（渔排），定位后用 8 ~ 10 毫米的螺丝固定。

③ 用尼龙胶丝或白胶丝将浮子捆扎固定在框架上，一般用塑料桶作浮子，规格为 25 厘米 × 25 厘米 × 30 厘米，浮力约 25 牛顿；也可用规格 80 厘米 × 60 厘米 × 50 厘米的泡沫块作浮子，其浮力为 250 牛顿。

④ 将装好的渔排拖曳至已选好的海区，然后用铁锚、缆索固定在海面上。

3. 放养密度

放养鱼苗规格要整齐，以避免相互残杀，一般在中间培育阶段，每个网箱可放养 2 000 尾，经过 1 ~ 2 个月后，放养密度减至 1 000 尾，当体长到 3 ~ 5 厘米时，调整密度为 200 ~ 500 尾；在养成阶段，保持在 8 ~ 10 千克/米^3。在海区环境较好，管理技术水平较高的条件下，最大放养密度可达 20 千克/米^3。

4. 饵料

投喂低价新鲜小杂鱼，此外可搭配植物性饲料混合使用，达到营养互补的作用。

5. 饲料管理

鱼苗投进网箱之后，要做好以下几个方面的日常管理工作。

（1）定时投喂饲料 刚进网箱的鱼苗，若鱼体健壮活力强，第二天便可投喂，投喂次数：3—10 月份每天 2 次，11 月至翌年 2 月每2～3天投喂1次，宜在早晚投喂，投喂量为鱼体重的5%～10%。

（2）安全检查 要经常检查网箱有无损坏、破裂，注意防止网破鱼逃。在台风季节，要加固缆绳，覆盖网箱，必要时将渔排拖到避风安全的海区。

（3）定期更换网箱 一般从幼鱼养至成鱼，需更换3次网箱。在鱼种阶段，体重为30～50克时，网目为0.5厘米；鱼体重达51～150克时，网目为1厘米；鱼体重达150克以上时，网目为3.75厘米。

（4）清除附着物 网箱和浮子在海里浸泡时间长了，会不断附着贝类、藻类等生物，以致堵塞网目，影响水流，应定期清洗更换。一般2个月清理1次，宜在风平浪静的天气进行。冬季水温低，应避免惊动鱼，不宜更换。另外，还可混养少量蓝子鱼，以便摄食部分藻类生物。

二、黄鳍鲷池塘养殖

1. 养殖场地的选择与建造

养殖场应选择在靠近海岸、水源充足，不受污染，交通方便，防台风，抗海潮的地方建造池塘。以中潮线以下为宜，盐度变幅为0.2～21.0，pH值为7.0～7.8。尽量利用天然潮汐来进、排水，养殖场要具备良好的进、排系统，进、排分家。无潮汐进水能力的养殖场应安装水泵或水草进行进、排和增氧。

养殖池面积为10～15亩，蓄水量深为2.0～2.8米。中间培育池面积为3～5亩，蓄水量深为1.8～2.5米，具有进、排水口，日换水量最大达1/3。

放养前，池塘需曝晒，翻底、清塘和消毒，杀灭野生鱼虾等敌害生物。装好闸门后进水，并进行施肥、培养基础饵料生物。

2. 放养

黄鳍鲷鱼苗目前主要来自捕捞沿海天然鱼苗和人工繁殖的鱼

苗。天然采捕的种苗一般规格为 1.5 ~ 2.5 厘米。采捕后需在室内育苗池或室外池塘定置小网箱内进行暂养、盐度淡化、饵料驯养等工作。

暂养后的鱼苗经中间培育成鱼种。培育的方法有池内定置网箱、围网及小土池塘。网箱围网的放养密度为 300 ~ 350 尾/米³，规格为 1.5 ~ 2.5 厘米，经 15 ~ 20 天养成规格 3 厘米（2.5 ~ 4.0 厘米），分级转入小土池塘，放养量改为 35 ~ 40 尾/米³，经 60 ~ 90 天养成规格 5 ~ 8 厘米。中间培育包括驯养和人工诱食两个过程。驯养主要是使鱼苗从野生开敞式环境，转变为适应人工围隔式环境，淡化过程的盐度降幅不宜超过 5。

黄鳍鲷无论个体大小，不适宜长期生存和养殖在纯淡水中。

诱食驯养是使原来以掠食桡足类、枝角类、活鱼虾等饵料生物，改变为摄食人工投喂的鱼、贝肉糜或人工配合饲料。

种苗经中间培育，可选择按规格、按池塘的最佳生产量标准，采用不同放养密度，转入成鱼池进行养殖。

3. 养殖模式

一般为池塘单养和池塘混养。

（1）单养模式　每年 1—3 月投放规格为 2 ~ 5 厘米的鱼苗，每亩放养 700 ~ 1 500 尾，养殖周期为 1 年至 1 年半，投喂冰鲜小杂鱼及人工配合饲料，起捕规格 200 克/尾以上。

放养 1 龄鱼：体长为 5 ~ 8 厘米，放养密度为 4.5 万 ~ 5.5 万尾/公顷；2 龄鱼：体长为 15 ~ 16 厘米，放养密度为 2.25 万 ~ 2.70 万尾/公顷；3 龄鱼：体长为 21.0 ~ 21.5 厘米，放养密度为 1.5 万 ~ 1.8 万尾/公顷。

（2）混养模式　混养能合理使用养殖水体，充分利用水域生产力，以清除残饵，调节水质，提高单产。

① 与蓝子鱼混养：黄鳍鲷体长为 5 ~ 8 厘米，放养密度为 3.0 万 ~ 3.7 万尾/公顷；蓝子鱼体长为 5 ~ 8 厘米，放养密度为 0.75 万 ~ 1.13 万尾/公顷。

② 与花鲈混养：黄鳍鲷体长为 5 ~ 8 厘米，放养密度为 1.5 万 ~ 1.8 万尾/公顷；花鲈体长为 10 ~ 12 厘米，放养密度为 1.5 万 ~ 2.5 万尾/公顷。

③ 与尖吻鲈混养：黄鳍鲷体长为 5 ~ 8 厘米，放养密度为 1.5 万 ~ 1.8 万尾/公顷；尖吻鲈体长为 10 ~ 12 厘米，放养密度为 1.5 万 ~ 2.5 万尾/公顷。

④ 与卵形鲳鲹混养：黄鳍鲷体长为 5 ~ 8 厘米，放养密度为 1.5 万 ~ 1.8 万尾/公顷；卵形鲳鲹体长为 10 ~ 12 厘米，放养密度为 1.5 万 ~ 2.5 万尾/公顷。

4. 饵料投喂

黄鳍鲷为周日摄食型鱼类，在人工饲养条件下，可以驯化为白天群体竞食型，以提高对饵料的利用率。大面积的养殖表明，用冰鲜或速冻小杂鱼作为黄鳍鲷的饲料源，饲料系数为 8 ~ 10，采用鲈、鲷浮性颗粒料、饵料系数为 2.5 ~ 2.7。投饵一般固定为每天 2 次，上午、下午各 1 次，根据天气、水温及鱼类数量、摄食情况而定。

5. 日常管理

① 认真做好巡塘观察记录，测定和记录水温、盐度、溶解氧、pH 值等。定期测量鱼的体长和体重。

② 根据鱼的数量、生长情况、天气、水温、鱼类摄食及活动情况来调整投饵量。

③ 要配备增氧机，根据天气情况增氧，根据水色和水质变化及鱼的活动情况，要经常换水，1 周换水 2 ~ 3 次，换水量 15 ~ 20 厘米。

④ 做好鱼病防治，以防为主，防治结合。鱼种入池前用漂白粉或高锰酸钾消毒；定期在食料台四周挂漂白粉袋；用免疫增强剂和多维拌料投喂，操作时要防止鱼体受伤，池内发现病鱼或死鱼要及时捞出处理，发现病鱼要及时诊断治疗或处理，确保鱼类健康生长。

第四节　黄鳍鲷的病害防治

黄鳍鲷的主要病害有以下几种。

一、空眼症

（1）**主要症状**　发病初期，病鱼体表无损，没有异常现象，但眼球产生白内障，瞳孔放大，后水晶体充血突出，随着病情加剧，发展至眼球脱落。

（2）**病因**　由细菌性感染引起。

（3）**防治方法**　保持水质稳定，要经常换水和消毒，在饲料中添加维生素C和维生素E。

二、体表溃烂病

（1）**主要症状**　病鱼发病初期可见鳍条等部位产生黏液、充血，鳍条发红和散开，损伤部位发炎，鳞片脱落，随着病情发展，患部溃烂，并逐渐深入真皮和肌肉，表皮脱落、出血，严重者肌肉外露，可见到因溃疡而裸露的头骨；不摄食，多在水面晃游。

（2）**病因**　由一种弧菌感染引起，发病通常在水温较低的秋末春初，发生在10月至翌年5月。网箱发病率高于池塘养殖。

（3）**防治方法**　① 放养的鱼塘要用强氯精消毒，经常换水；② 在秋季应尽量减少鱼的搬动次数，以避免鱼体受伤，造成细菌入侵机会。

三、锚头蚤病

（1）**主要症状**　病原体锚头蚤主要寄生在鳃部和头部，有时体表两侧也有发现，虫体部分裸露，肉眼可见，寄生部位出现红斑，周围发炎，病鱼食欲减退，消瘦，抗病力下降。

（2）**病因** 由锚头蚤寄生引起。每年 10 月至翌年 4 月发病较严重。

（3）**防治方法** ① 生石灰清塘；② 饲料用高锰酸钾浸泡 15～30 分钟后才投放喂养。

四、巴斯德氏菌病

（1）**主要症状** 病鱼沉到箱底。肛门附近红肿突出，消化道内膜充血，并有黄色黏液，肠充血发炎，肠管内上皮组织坏死。肝脏肿大有许多白点或脂肪变性而褪色，严重者组织坏死，脾、肾等器官充血或出血，感染此病的特点是引起组织发炎和出血，病发不久即死亡。

（2）**病因** 由巴斯德氏菌感染引起。主要发生在 8—10 月的高温季节，水温越高，就越易发生感染和流行，且病程短，死亡率较高。

（3）**防治方法** 投喂的饲料必须新鲜，投饵量要适宜，以免过剩。避免鱼体受伤，及时清除鱼体寄生虫，在饲料中搅拌红霉素，每天每千克鱼 30～50 毫克，并注意养殖环境的消毒，保持水质稳定，高温期饵料中添加维生素 C。

第五节 黄鳍鲷的养殖实例

养殖实例一

福建省漳浦县水产技术推广站郑进春于 2009 年 4—9 月利用淡水池塘开展黄鳍鲷与南美白对虾混养试验取得成功，现将技术情况介绍如下。

（一）材料与方法

1. 池塘条件

试验池塘位于福建省漳浦县绥安镇鹿溪边，面积 0.8 公顷，池塘长方形，四周护坡为混凝土结构，池深2.2米，设有进、排水系统，配置0.75千瓦叶轮式增氧机4台。淡水供给充足，水源来自附近鹿溪，周边无污染，水质清爽。

2. 放苗前的准备工作

（1）**清塘消毒** 2009年清明节后开始排干池水，将池底表层淤泥铲除干净，暴晒20天，晒到池底发白或呈龟裂状，随后注水刚好浸没整个池底，用含有效氯30%以上的漂白粉180千克/公顷，加水溶解后均匀泼洒池底、池壁及壁顶面。3天后先将池水排干，再进水至1.0米深，开始施肥培养基础饵料生物。

（2）**施肥** 施米糠150千克/公顷、利生素18千克/公顷（两者混合激活5小时后全池泼洒），3天后又施入复合肥22.5千克/公顷、尿素45千克/公顷、过磷酸钙22.5千克/公顷。

（3）**黄鳍鲷苗种的淡化** 2009年1月从海区捕捞鱼苗，暂养于鱼苗场，3月，筛选体长3~4厘米的健康鱼苗在鱼苗池淡化，40天后，盐度从30降低到2，随后完全注入淡水暂养。

3. 养殖管理

（1）**苗种放养** 4月27日放养体长为1.5厘米完全淡化的南美白对虾30万尾，5月6日放养淡化的黄鳍鲷苗1.5万尾。

（2）**水质管理** 养殖前期以添加水为主，一般每隔3天添加1次，加水量为5~10厘米，将池水渐渐加至池塘的最高水位；中后期根据池水水质、鱼虾苗的生长等情况随时换水，但每次换水量不大于30厘米，以维持虾池水质环境的相对稳定。水色以黄绿色为主，水质保持"肥、活、爽"，透明度维持在20~30厘米，后期每隔5天施用EM原露等微生物制剂一次，以净化水质。养殖前期只在下半夜启动增氧机，中后期除下午外全天启动增氧机。

（3）**饵料投喂** 在池塘四周各放置一饵料台，以跟踪鱼虾摄食情况。饲养全程以投喂南美白对虾人工配合饵料为主，前期日投喂3次，早上1次，晚上2次；中后期投喂5次，早上、中午各 1 次，晚上 3 次。饵料日投喂量根据池水水质和鱼虾摄食以及当日天气等情况而灵活调整，适当增减。

（4）日常管理　坚持每天早、中、晚 3 次巡塘。一是测记水温、溶解氧和 pH 值等理化因子，并观察水色变化，判断水质优劣，维持正常水位；二是检查饵料台，跟踪鱼虾苗摄食、生长活动等情况，以判断鱼虾是否发生病害，力求做到早发现，早治疗；三是检查增氧机的运行情况。

（二）养殖结果

2009 年 9 月 12 日起捕，共收获成虾 2 470 千克，平均单产 3 090 千克/公顷，商品规格 50 尾/千克，成活率达 41.2%，产值 8.9 万元；黄鳍鲷捕获量为 1 935 千克，共 12 900 尾，成活率达 86%，商品平均规格为 0.15 千克/尾，产值 5.8 万元。总投入成本为 4.3 万元，实现纯利润 10.4 万元，平均效益 130 005 元/公顷。

（三）小结与讨论

在淡水池塘进行黄鳍鲷与南美白对虾混养，结果显示是可行的。黄鳍鲷适应力强，经淡化后在淡水池塘中养殖，其成活率、生长速度和商品鱼体色与海水池塘中养殖并无多大差别。

黄鳍鲷食性较广，对饵料要求不严格，仔鱼以动物性饵料为主，成鱼以植物性饵料为主，先放养南美白对虾苗，10 天后再放养黄鳍鲷鱼苗，可以避免仔鱼对虾苗的伤害。另外，养殖过程中，可以利用仔鱼吃掉病亡的对虾尸体，减少感染的机会和通过追逐捕食，淘汰掉体质较弱的虾苗。黄鳍鲷为杂食性鱼类，水中的底栖藻类、浮游动植物和有机碎屑等都是其适口饵料。混养不仅能合理使用养殖水体，最大限度地利用水域的生产力，而且可以减少对虾残饵的生成和调节水质。

黄鳍鲷与南美白对虾混养的密度宜控制在 3 万尾/公顷以下，规格为 4~6 厘米，若混养密度过大，会影响对虾生长。

第五章 花鲈养殖技术

花鲈（*Lateolabrax japonicus*）俗称鲈鱼，属鲈形目，鮨科。花鲈又称七星鲈、牙鲈、板鲈、青寨等。由于其繁殖和生长于沿岸海域，故有别于淡水生长的加州鲈等。所以渔农称为海鲈。

花鲈分布于西北太平洋沿岸的日本、朝鲜和我国沿岸海域，我国广泛分布于沿岸海域及通海的咸淡水水域。花鲈为广温、广盐性鱼类，生长快，适应性强，病害少，是我国沿海和江河的重要经济鱼类之一。鲈鱼肉质坚实、细嫩洁白、味道清香鲜美、营养丰富，在广东名列"西江四大名鱼"（鲈、嘉、鳜、鲥）之首。据称鲈鱼对伤口愈合有特殊功效，病人在手术后常食鲈鱼。

第一节 花鲈的生物学特性

一、形态特征

花鲈体延长侧扁，略呈纺锤形，吻尖突，口大斜裂，具有辅上颌骨，下颌稍突出，上下颌具细齿，呈带状，舌面光滑，鳃耙稀疏。头被栉鳞，前鳃盖骨后缘有细锯齿，鳃盖骨7条，有假鳃，鳃耙细长。背鳍2个，第一背鳍有12根硬棘。第二背鳍由13根鳍条组成，腹鳍胸位，尾鳍叉形。

花鲈体背侧青灰色，腹侧为银白色，背侧及背鳍棘有黑白斑点；斑点随年龄增长逐渐淡化不明显。

二、生态习性

花鲈属浅海性鱼类，适盐广，喜栖息于河口咸淡水中下层，水深在50米范围内，波浪微静、底质沙砾、海藻丛生、天然饵料生物丰富的海域，也可进入淡水生活，幼鱼期常群集，成鱼则分散，亲鱼常年于12月至翌年2月在河口沿岸岩礁间产卵。体长1.5厘米以下的鱼苗在近海表面浮游，生长到2~4厘米时接近沿岸或河口，到5厘米时则开始溯河。2龄以下的鱼群常见于淡水水域，成熟鱼则多栖息于咸淡水中。

三、食性

花鲈为凶猛的肉食性鱼类，食量大，贪食，一次摄食量可达体重的5%~12%。体长2~3厘米的花鲈苗以捕食桡足类和糠虾为主；体长3~6厘米的鱼苗以捕食糠虾、幼蟹、白虾、对虾苗为主；1龄以后花鲈捕食小鱼虾。捕食强度随季节而异，春夏季捕食强烈，在一天当中，花鲈喜欢在清晨和黄昏时摄食。人工养殖条件下，能摄食适口的冰鲜小杂鱼块。

四、生长

花鲈在天然水域生长快，1龄鱼体长可达25.6厘米，体重250克，2龄鱼体长达40厘米，体重850克，3龄鱼体长50厘米，体重1.5千克，4~8龄鱼每年增长4~6厘米，花鲈最大个体体长100厘米，体重15~20千克。

五、繁殖习性

花鲈雄鱼约2龄开始性成熟，雌鱼3龄开始性成熟，每年产卵一次，产卵期为10月至翌年1月。一般在沿岸礁间产卵。产卵水温为14~24℃，海水盐度为18~25，体长60厘米的雌亲鱼怀卵量约20万粒，属分批非同步产卵型。卵浮性，呈橘红色，半透明，卵径为 1.35 ~ 1.44 毫米，有 1 个油球，在水温为 15℃时，受精卵经 3 ~ 4 天孵出仔鱼。

第二节　花鲈的种苗生产

一、种苗来源

花鲈养殖所需的苗源以往主要依靠捕捞海区的天然鱼苗，人工繁殖成功后也采用一些人工繁殖的鱼苗。

从海区捕捞的鱼苗，来自黄、渤海、南海区；人工繁殖的鱼苗比捕捞的天然鱼苗成活率较高。

花鲈苗都要经过中间培育（广东省称标粗）的阶段。鱼苗经过中间培育不但驯化摄食人工饲料，达到好养的目的，还可淘汰体弱不健康的病苗。培育大小均匀，体质健壮的大规格鱼种，是提高养殖成活率、获得高产的重要环节。

二、鱼苗淡化

无论是人工繁殖的鱼苗，或是从沿岸和河口水域捕捞的天然鱼苗，都是生长在较高盐度的海水中，要了解鱼苗采集地点的海水盐度，并要检测放养池塘的盐度。鱼苗用淡水进行多次淡化，淡化至盐度不超出养殖池塘盐度 5 时才能放养，盐度从 12 ~ 24 逐渐降低到 5 以下。这样鱼苗才可以适合在低盐中生活，与此同时，从投喂活饵（丰年虫）逐渐过渡到投喂鲜鱼糜。

第三节　花鲈的养殖技术

一、鱼苗的中间培育

1. 水泥池塘培育

（1）养殖密度　水泥池面积以 20 平方米左右为宜，水深为

1.0~1.3 米，也可用原有的产卵池，放养密度视条件而定。水源充足，有条件冲水的培育池，鱼苗体长在 2 厘米以下的可放养 500~800 尾/米²；体长 2~3 厘米，可放养 200~300 尾/米²；体长 3~4 厘米，可放养 100~200 尾/米²；配备有充气设备或换水条件较好的水泥池，放养密度可适当增大。

（2）饵料投喂 池水经过肥水后有基础饵料生物，随着鱼苗生长的需要，应进行人工投喂部分冷冻糠虾及鲜杂鱼肉糜等。每日投喂 3~5 次。日投喂量以体重的 20%~50% 作为参考依据。鲈鱼苗寻找食物以视觉为主，投喂时要尽量引起鱼群注意，掌握鱼苗活动情况，若仅把饵料轻放水面而静静下沉，鱼苗通常是不会发现的，在饵料不足的情况下，鱼苗生长大小差别悬殊，因此在鱼苗培育期间应注意以下几点：① 放养的鱼苗应是同一批孵化的，鱼苗大小一致；② 鱼苗长到 3 厘米左右，鳞片较完整时要及时拉网分筛，按大小级分池培育，以后水泥池每隔 10 天，池塘每隔 15 天分疏一次，同塘放养的鱼苗以体重相差不到 1 倍为宜；③ 花鲈食欲旺盛，要保证充足的饵料，必须定时、定量投喂，让个体小的也能吃到。

花鲈体长达 5 厘米后可以开始在养成池的网箱或围网内培育 1 个月左右，至体长为 8~10 厘米。

2. 网箱中间培育

花鲈鱼苗中间培育的网箱，一般用尼龙纱网或聚氯乙烯结节网，网箱规格是 4.0 米×4.0 米×1.5 米，孔径为 0.8~1.0 厘米。先在养成池靠排水口处的邻边搭一投饵桥，伸向对边，于小桥两旁布网箱。每个网箱放养体长 5 厘米的鱼苗 2 000 尾，每隔 10 天清理网箱，调整分疏规格一次，并随着鱼苗长大，放养密度逐渐减小。鱼糜的日投量从体重的 30% 逐渐减少为 10%，每天投饵 3 次。用此法，在 15~25 天内，鱼苗体长可达 7~8 厘米，成活率达 80%~90%。

3. 围网中间培育

围网一般用 10～12 目的尼龙或聚氯乙烯网片做成，网片长 40～50 米，高 1.8～2.0 米，每距离 1.5～2.0 米用竹子垂直插入池塘底，固定成长方形围网，要把网片的下纲踩至泥里，以防围网内的鱼苗从底部逃逸；接着，从岸边搭一投饵台供进入围网内投饵观察用。放养密度为 100～120 尾/米²。日投饵量和次数与网箱培育相同。在 30～35 天内可把鱼苗培育成体长可达 10～12 厘米，成活率达 80%～90%。

中间培育的过程也可以采用先网箱、后围网的方法，目的都是务求在短期内迅速把 5 厘米规格的鱼苗培育成 10 厘米以上的合规格鱼种。

4. 小型水库养殖

选择在水位较稳定、库底平坦、水质清新无污染、溶解氧充足、可完全清库的小型水库。

与池塘养殖相比，水库具有水体大、水面宽、水质好，天然的小杂鱼虾较多，而且库内外源性物质较丰富等优势，是探索中较成功的一种养殖途径。

放养的花鲈利用 2—3 月网捕幼苗，由于数量不成批，规格又偏小，需暂养至 5～6 厘米左右，经淡化后投放。放养密度为 30～100 尾/亩，采用混养的模式。可投放白鲢、花鲢、青鱼、罗非鱼等，能在水库中繁殖后代，尤其是罗非鱼等，能在水库中繁殖好几代，花鲈食饵除了水库中的小杂鱼虾外，还可以用这些鱼的仔稚鱼作为主要的补充饵料。如果放养花鲈鱼苗密度大，为防止饵料的不足，可在水库中设置多个投喂点，投喂新鲜小杂鱼或配合饲料，确保花鲈的正常健康生长需要。

花鲈的日常管理包括以下几点。

（1）巡库　观察水质变化、鱼的生长、摄食活动情况等。

（2）投饵　根据花鲈生长等情况，随时调整投饵的量次。

（3）**做好"五防"工作，提高成活率**　①防枯水：小型水库在高温干旱季节，水位下降快，尤其是灌溉型水库，要供农田用水，应尽量避免选择这种水库养殖。②防溢洪：在雨季，特别是连续几天的暴雨，小型水库库容小，要控制水位，防止溢洪外逃，要在出水口设置防逃拦网，还要在溢洪处搞好防逃栅栏。③防水质过肥：小型水库施肥精养是提高水库生产力的有效措施。此类混养鲈鱼要防止水质过肥，尤其是枯水期水量不多遇到高温季节更要特别小心。④防病：水库中鱼类放养密度相对较低，水环境好，但不能放松防病工作。在生长旺季要定期用漂白粉等挂袋，或局部泼洒消毒，尤其是在干旱水位低时，除水体、饵场消毒外，还要投喂药饵相结合，同时减少施肥量和调整投喂量。⑤防偷盗：鲈鱼是高档水产品，在养殖中后期要加强夜间巡库、值班、防偷、防毒、防炸、防钓等保卫工作。

二、鱼种养成

在珠江三角洲一年四季均能进行花鲈养殖。放养密度要视养殖周期的长短，水源和添换水能力、饵料的来源和质量以及起捕规格等而定。其养殖模式有单养和混养两种。

1. 单养

每亩水面放养体长9～10厘米的鱼种400～500尾，鱼种在放养前用5毫克/升的高锰酸钾溶液药浴5～10分钟。经150～240天的养殖，鲈鱼个体可达750～1 000克，成活率为90%左右。

2. 混养

为了充分利用水体和池塘底的残饵，可在花鲈养殖池中混养隔年的黄鳍鲷，每亩可放养花鲈（体长10厘米）400～800尾，黄鳍鲷（10～12厘米）300～400尾。也可利用花鲈掠食的特性来控制淡水池塘中的杂鱼和罗非鱼大量繁殖的过剩鱼苗。在混养生产中应注意，所放养的鱼苗必须是大于花鲈的越冬鱼苗，如为当年繁殖的新苗，则不可以与花鲈混养，以免被花鲈吞食。

三、饵料

低值、冰冻的小杂鱼虾是池塘养殖鲈鱼的良好饵料，如果有鲜活的杂鱼虾饵料投喂，效果会更好。饵料日投量可按鱼体重的4% ~ 10%作为参考依据。因为饲料消化较慢，故提倡少食多餐，力求饲料块在漂浮的瞬间被花鲈所掠食。若鱼群停止在水面争食，应停止投喂。目前已采用人工配合饲料与冰冻下杂鱼混合投喂，效果与单独喂下杂鱼相同。人工配合饲料的主要成分为鱼粉（40%）、鳗鱼粉（10%）、黄豆粉（10%）、酵母粉（20%），现配即投喂；也有的用80%鱼浆加20%鳗鱼粉做成软颗粒饲料来喂鱼。

四、日常管理

在池塘养殖花鲈的日常管理除了定时、定位、定质、定量投喂饵料外，尚要进行水质调控，重点是添换水。由于每天的投饵、残饵及生物代谢产物的淤积，因此，更换新鲜水十分必要。可利用潮汐排、进水，退潮时先把旧水排出，涨潮时纳进新水。在养殖后期，每天换水量应达到30% ~ 50%，并吸去底污及死鱼，记录死鱼数量。以确保水中的溶解氧在5毫克/升以上。在整个养殖期间，由于花鲈争食能力存在差异以及投饵不均匀等原因，个体大小经常相差甚大。因此，应定期疏捕以调整池中鱼的规格，大小分开，以防大鱼吞食小鱼，确保养成率和出塘率。拉网时操作要特别小心，切忌在天气炎热或过于寒冷的恶劣天气下进行，每拉网一次，花鲈要停喂1~2天。

第四节　花鲈的病害防治

花鲈从自然水域移到池塘养殖，生活环境及空间发生很大变化，在自然水域的生活空间不易患病，但在人工高密度养殖过程中，稍有不慎就易造成病害的发生和流行。现把花鲈的病害介绍如下。

一、烂鳃病

（1）主要症状　病鱼体色发黑，尤以头部为甚，游动缓慢，反应迟钝，食欲不振，鳃部黏液增多，打开鳃盖，可见鳃丝肿胀苍白，末端糜烂，体消瘦，离群，最后致死。

（2）病因　在大雨后水质变浑浊，易感染此病。特别是在网箱养殖，大雨后，上游泥沙流冲击鱼体，花鲈极容易感染发生此病，此病易暴发流行，死亡率高，一旦暴发，损失惨重。

（3）治疗方法　可用红霉素投喂，每50千克鱼用0.5克，连续拌饵投喂6天，同时用0.4毫克/升强氯精对池塘或网箱全池泼洒，连续3天，在晴天进行，治疗效果较明显。

二、肠炎病

（1）主要症状　病鱼食欲差，肛门红肿，腹部膨胀，轻压有黄色黏液流出，全年均可发生。

（2）病因　主要是投喂不新鲜、变质饲料引起的。

（3）治疗方法　杜绝投喂变质的小杂鱼；可用土霉素拌饵投喂，按每50千克鱼用药10克，第二天后减半，拌饵连续投喂6天，也可用2克氟哌酸拌饵投喂，保持水质稳定。

三、赤皮病和溃疡病

（1）主要症状　病鱼鳍基部充血、红肿、脱鳞，表皮腐烂，肌肉外露。

（2）病因　主要是水质恶化，此病多发生在夏秋高温季节，传染性较强。

（3）治疗方法　大量更换池水，保持良好水质，定期施放生石灰 0.003 5% ~ 0.004 0% 消毒；治疗上可使用病毒灵、抗生素混合投喂，每 50 千克鱼用病毒灵 0.5 克，氟哌酸 1 克，拌饵投喂，连续 6 天。用 0.4 毫克/升强氯精全池泼洒，每天 1 次，连续 3 天。

四、水霉病

（1）主要症状　病鱼体表伤口处附着灰白色棉絮状菌丝体，鱼体虚弱无力，病鱼日益消瘦，慢慢死亡。

（2）病因　水霉属附生性，必须从伤口入侵到坏死细胞中寄生。流行于冬春季，水温 15 ~ 20℃，水霉着生在鱼体表面达体表 1/4 左右。对密养受伤或冻伤的越冬鱼危害较大。

（3）治疗方法　① 注意防伤、冻，减少水霉入侵机会；② 用食盐、小苏打合剂全池泼洒，浓度为 400 毫克/升；③ 用 1/15 000 过锰酸钾浸洗 1 ~ 5 分钟；④ 用浓度为 200 ~ 300 毫克/升的福尔马林浸泡 15 分钟，隔一星期一次，反复多次。拉网操作要小心，避免鱼体受伤。

五、车轮虫（图 5 - 1）、斜管虫及聚缩虫病

（1）主要症状　病鱼体呈黑色，鱼体消瘦，口端腐烂，体表或鳃组织由于寄生虫的刺激，引起黏液分泌，常在池边游动，甚至翻滚。一年四季均有发病。

（2）病因　密度过大，施放过多肥料，最易感染车轮虫病。甚至引起死亡。

治疗方法　① 池塘消毒，消灭病原体；② 采用少量多次施肥，避免大量肥料发酵和水质恶化，为车轮虫繁殖创造条件；③ 用 5∶2 的硫酸铜和硫酸亚铁混合液治疗车轮虫病，使水药液浓度为 0.7 毫克/升，全池泼洒；④ 用 20 ~ 25 毫克/升的福尔马林全池泼洒。

六、鱼鲺病

（1）**主要症状** 病鱼体色发黑，食欲减退，行为急躁不安，狂奔乱游，常跳出水面，若与细菌性感染并发时会加剧死亡。

（2）**病因** 其病原为东方鱼鲺（*Caligus orientalis*）主要寄生于鳃部、体表和鳍条，使鳃丝上皮增生，变形发炎水肿。该病6—8月为发病高峰期，水温为25～30℃时虫体最易繁殖。

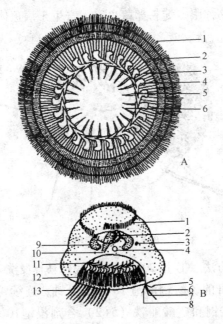

图5-1 车轮虫（仿孟庆显，1996）

A. 反口面观；1. 纤毛；2. 缘膜；3. 辐线环；4. 齿沟；5. 齿体；6. 齿棘

B. 侧面观（模式图）；1. 口沟；2. 胞口；3. 小核；4. 伸缩包；

5. 上缘纤毛；6. 后纤毛带；7. 下缘纤毛；8. 缘膜；9. 大核；

10. 胞咽；11. 齿环；12. 辐线；13. 后纤毛带

（3）**防治方法** ① 全池泼洒2毫克/升敌百虫；② 用20毫克/升浓度的晶体敌百虫浸浴10分钟；③ 饵料添加土霉素，每100克鱼体重用环丙沙星4～5克，每天投喂一次，连续3～5天；

④ 用淡水加 3 ~ 5 毫克/升的晶体敌百虫浸洗 3 ~ 10 分钟。

七、淀粉卵甲藻病

（1）**主要症状** 病鱼鳃呈灰白色，贫血，厌食，体色变黑，消瘦，在水中窜游，以身体摩擦网片，鳞片松散脱落，体表溃烂，鳍基充血，可继发细菌感染，加速死亡。

（2）**病因** 病原为眼点淀粉卵甲藻（*Amybodinium ocellatum*）（图 5 - 2），又称眼点淀粉卵鞭虫，多寄生于病鱼体或鳃上，刺激表皮细胞分泌大量黏液，形成天鹅绒似的白斑点。

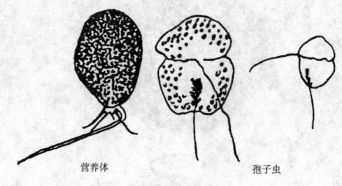

营养体　　　　　　　　　　　　孢子虫

图 5 - 2　淀粉卵甲藻

（3）**防治方法** ① 用 200 毫克/升福尔马林浸洗 20 分钟；② 用 10 ~ 15 毫克/升的硫酸铜浸泡 10 ~ 15 分钟，连续 4 天；③ 用 10 毫克/升的硫酸铜和硫酸亚铁（5:2）合剂浸泡 10 ~ 15 分钟，连续 4 天。

第五节　花鲈的养殖实例

现把国内有关花鲈的养殖经验介绍于下，供养殖业者参考，各地要依据实际情况，创造更先进的养殖模式，为花鲈的健康养殖作出更大的贡献，现分述于下。

一、养殖实例一：鲈鱼的池塘高产养殖

梁健文通过总结大量高产养殖的成功经验，发展斗门县的鲈鱼养殖业。

（一）鲈鱼生活习性

鲈鱼生活在浅海河口，适盐广，幼苗在盐度为22左右的海水中孵出，再溯河而上到咸淡水交汇的河口生活，并可进入淡水水域觅食生长，但成熟鱼多数在咸淡水中栖息。鲈鱼是凶猛的肉食性鱼类，食量大，一次摄食量可达体重的5%～12%，捕食强度在春夏季节最大，鱼苗以桡足类和糠虾为饵，长至10厘米体长后则捕食小鱼虾。鲈鱼生长速度较快，繁殖期一般在11月至翌年1月，鱼苗长至年底体长约25厘米、重约0.25千克，6龄鱼体长达0.8米，最大的个体长达1米、重15～20千克。人工养殖的鲈鱼生长速度较快，通常养殖280天达0.5千克以上。鲈鱼在14℃的水温以上就可正常觅食生长，在本地区可自然越冬，这有利于隔年养殖成为大规格商品鱼和分散、调节上市量。

（二）人工养殖条件

1. 水质

鲈鱼在纯淡水和咸淡水中均可生长，但在盐度为5以内有海潮到达的咸淡水水域中更好，以河海口的鱼塭和围垦区最佳。同时，养殖水质要求清新和溶解氧充足。

2. 池塘

每口池塘的面积以8～15亩为宜，水深2米以上。池塘要设有进、排水涵闸分别通向进、排水河，不重复使用养殖水，以免二次污染。

3. 机械配备

每3亩水面配备1台1.5千瓦的叶轮增氧机，这是高养殖的基本条件；每口池塘配置1台以上的3千瓦抽水机，以保证随时

可更换新水，此外还要视养殖面积和投喂量决定配置小杂鱼碎肉机。

4. 其他条件

电源线路到塘头，以供养殖机械使用；道路到塘头，以方便饲料和产品的运输。

（三）种苗选择和培育

生产实践发现，采自黄海、渤海的鲈鱼苗比南海区的个体大、长速快；人工繁殖的鱼苗比捕捞的天然鱼苗成活率高。因此，鱼种选择首先是采用黄海、渤海区的亲鱼人工繁殖的鱼苗；其次是从黄海、渤海区采捕的天然苗经淡化标粗育成的鱼种。

不管苗源来自何处，鲈鱼苗都要经过中间培育的阶段。鱼苗经过中间培育不但驯化摄食人工饲料、达到好养的目的，还可以淘汰体弱的病苗，育成大小均匀、体质健壮的大规格鱼种，这是提高成活率从而获得高产的重要环节。具体方法如下：

1. 网箱的设置

在准备好养殖成鱼的池塘的一边搭一条投饵的栈桥，于栈桥两旁设置若干个网箱，材料可用 14 目左右的聚乙烯网片缝成长 3~5 米、宽 2 米、深 1.5 米的规格，用竹竿固定。

2. 做好淡化养殖的准备工作

不管是人工繁殖的鱼苗或捕捞的天然鱼苗，都生长在较高盐度的海水中，要先检测出养殖池塘的盐度，要求供苗者进行多次降咸淡化，超出养殖池塘的盐度在 5 以下时才能放养。在淡水池塘育苗，还要在网箱周围用塑料膜围成一个小水体，投苗前适当加盐至接近鱼苗放养前的盐度，让鱼苗投放后有一段适应时间，提高成活率。

3. 育苗的密度

原塘育苗，这有利于减少过塘引起鱼种的损伤和让鱼种适应所在池塘的水质。用来培育的鱼苗体长 2~3 厘米，每平方米网箱放养 500 尾左右，每口池塘的育苗数量可比计划放养的鱼种多出 20%～30%，以备死亡损耗和留有余量。

4. 投饵驯食的方法

以鱼糜为饵，每次投喂时间不少于半小时，将鱼糜均匀地投撒到网箱中，训练鱼苗抢食，每天投喂 4～5 次，日投喂量为鱼体重量的 30% 左右，以观察到鱼苗大致都能食到和食饱为好，具体标准是注意鱼苗抢食程度减弱后则停止投喂，以免暴食而引起肠胃疾病。

5. 及时分级培育

10 天鱼苗大多已长至 5 厘米，此时应过筛分池培育，减少大鱼吞食小鱼和幼苗抢食不到而出现大小差异现象。分池培育 10 天后，在网箱周围用网片围出约 100 平方米的一块小水面，放出网箱中的鱼种再喂养 15 天，此时鱼种已在 10 厘米以上，然后拆去围网，再进入大塘养殖，这样做的目的是防止鱼种过早进入大塘追食生物饵料，而弃食人工投喂的饵料。

鱼苗的中间培育要注意网箱的水质清新和溶氧充足，可在网箱中设置增氧气头，要经常刷洗网箱，保持水体流动交换良好。

（四）饲料

1. 小杂鱼

要求新鲜、硬骨少，苗期可打浆投喂，随着个体的长大，应切块投喂。鲈鱼可吞食相当其口裂长度 1.5 倍的鱼肉块，切块投喂不仅可节省饲料，并可减轻水体污染。小杂鱼含动物性蛋白高，喂养鲈鱼长速快，但受资源的限制，尤其是在每年的禁渔期，货缺价高，不易购买，并受冷藏、运输的限制和对水质有一定的污染。用小杂鱼作饲料，饵料系数为 4～5。

2. 人工颗粒饲料

采用含蛋白质在 35% 以上的膨化饲料，以便观察到是否有食剩浪费。工厂生产的颗粒饲料可按大小分成多种规格，理论上可制成不比小杂鱼差的全价营养饲料，并可适当掺入防病药物。人工饲料来源稳定，使用方便，尤其是对高密度养殖有减少水质污染、防止鱼病发生的积极作用。饲料系数为 2.0~2.5。

（五）饲养方法

1. 清塘、培水

用来养殖鲈鱼的池塘有条件的最好经过干塘清淤和暴晒，尤其是多年养殖的旧塘。在放苗前半个月进行一次毒塘，每亩施放生石灰 50 千克或使用 20 毫克/升漂白粉带适量池水消毒。如果未经干塘暴晒的，还要每亩使用 30 千克茶麸打碎浸水全塘泼洒，以彻底清除遗留的凶猛杂鱼。消毒后的池塘经滤网纳入新鲜水，每亩施放 3 千克复合肥进行培育浮游生物，等水质微绿色或微褐色时则可投苗。

2. 投苗密度

经中间培育的鱼种已达 10 厘米，每亩放养 2 500 尾为好，300 天的养殖期亩产量可达 1 200~1 500 千克。另外搭配每亩投放 100 尾鲫鱼和 30 尾花鲢和白鲢，以减轻水质污染并增加养殖效益。

3. 投饵

鲈鱼比较贪食，应适当控制投饵量，以利于降低成本、减少肠胃病的发生和水质污染。投饵要做到定时、定点、定量，一般日喂 2 次，分别在 07：00—09：00 和 16：00—18：00，日投喂量约为鱼体重量的 5%。要坚持驯食的习惯，在塘中搭一饵桥，每次投饵敲击饵桥或拨响塘水，招呼鱼群游来抢食，这有利于观察鱼群的进食和健康状况，方便采取应变措施。鲈鱼抢食水中悬浮的饵料，下沉后不再摄食，因此，投喂小杂鱼应耐心慢慢投喂，颗粒饲料则应用浮性饲料。

4. 水质管理

鲈鱼的高产养殖也就是高密度养殖，因此保持水质清新和溶解氧充足是十分重要的，主要方法有：

（1）**勤换水** 特别是在中后期，每天的换水量要达到30%以上。

（2）**勤增氧** 鱼苗期可适当开动增氧机，随着鱼体的长大开动增氧机的次数愈趋频繁，尤其是在高温天气和后养殖期，夜晚可开动部分增氧机、白天则要开动全部增氧机，保持塘水的溶氧量在5毫克/升以上。

（3）**施放生物制剂** 高密度养殖带来塘底大量的残饵和排泄物，有害物分解浓度高，大量消耗水中氧气，尤其是高温天气更为严重，这是鱼病发生的重要原因，因此适当施放生物制剂，使有益菌群除去水中的氨氮和亚硝酸盐，保持良好水质。这是目前减少药物使用、实行健康养殖的主要方法。

（六）病害防治

1. 氨氮中毒

高温天气，水中的氨氮高，甚至产生亚硝酸盐，致使鲈鱼缺氧中毒死亡。

（1）**主要症状** 鱼群全塘狂游不安，上下乱窜，鳍条充血，鳃丝暗红。

（2）**预防方法** 立即注入新水、放出老水，注水时注意用木板把水挡散，以免直接冲起塘底污物加速鱼的死亡。

（3）**治疗方法** 每亩施放氟石粉（底质处理剂）10～15千克，中和水中氨氮；发病前注意用生物制剂预防。

2. 肠炎病

（1）**主要症状** 病鱼食欲低，腹部膨胀，肛门红肿，轻压有黄色黏液流出。此病全年均可发生。

（2）**预防方法** 不要投喂变质的下杂鱼。

（3）**治疗方法** 用"鱼康"和"保肝素"，每千克饲料分别拌入10克和5克，每天1次，连续投喂3～5天。

3. 烂鳃病

此病易暴发流行，死亡率高。

（1）主要症状　鱼体发黑，尤以头部为甚，游动缓慢，对外界刺激反应迟钝，呼吸困难，食欲减退，鳃部黏液增多，鳃丝肿胀，末端糜烂，体消瘦，离群，最后致死。

（2）治疗方法　使用鱼菌清，每亩水体 200~300 克兑水全池泼洒，按说明书使用；同时用"保肝素"和"鱼能生"，一次用药量分别为每千克饲料加 2 克和 3 克，混匀后拌饲料投喂，每天 1 次，连续投喂 3 天。

4. 车轮虫、斜管虫和聚缩虫病

多发生在鱼种中间培育阶段，虫体附着在鱼的体表和鳃丝。

（1）主要症状　鱼体消瘦，体色变黑，口端糜烂。一年四季均有发病。

（2）预防方法　多采用大量换水，改良水质。

（3）治疗方法　可用 0.7~1.0 毫克/升的硫酸铜及硫酸亚铁合剂（5:2）全塘均匀泼洒，或用 20~25 毫克/升的福尔马林全塘泼洒。

5. 赤皮病和溃疡病

（1）主要症状　病鱼鳍基部充血，红肿，脱鳞，表皮腐烂，肌肉外露。此病多发生在高温季节。

（2）预防方法　可大量更换新水，定期施放生石灰 35~40 毫克/升，冬季干塘暴晒。

（3）治疗方法　可用漂白粉 1 毫克/升全塘泼洒。

6. 鱼鲺病

鱼鲺寄生于鱼的鳃部、皮肤和鳍条。

（1）主要症状　鳃丝上皮增生、变形、炎性水肿、体表损伤，引起继发性细菌感染而死亡。

（2）治疗方法　全塘泼洒晶体敌百虫 0.2~0.3 毫克/升。

（七）收捕与产品运输

鲈鱼较娇嫩，捕捞容易损伤，活运成活率低。因此收捕时应定量而捕，方法是根据池塘的存鱼量和分布状况，采用部分水面收捕而不是全塘拉网收捕。为了预防收捕的鲈鱼抽筋死亡，收捕前的一段时间可适当拉网锻炼。

活鱼运输用大桶或帆布袋盛装，充氧。密度视运输距离而定，一般以尽量减少互相碰撞刺伤程度为原则。

鲜鱼的运输采用泡沫箱盛装，收获的产品采用鱼、冰 4∶1 的比例包装保温发运。这种方法运输量大，运输成本小，但产品价格相对较低。

二、养殖实例二：盐碱地池塘养殖

李宽意、刘政文等开展了花鲈在盐碱地鱼塘中的养殖试验。

（一）网箱强化培育鱼苗

鱼苗运达后，打开苗袋，灌入少量池水，停留片刻，再灌入部分池水，如此重复几次，待氧气袋内水体盐度和水温基本与池内水体盐度和温度接近，再慢慢地带水将鱼苗倒入设置在池塘中的网箱内。鱼苗入网箱后，捞取浮游动物投喂，10 天后投喂鱼糜、饵料，以新鲜的杂鱼虾为好。投喂前，先将鱼虾用清水冲洗干净，然后用绞肉机绞成糜状投喂。投饵在白天进行，每天投喂 3~5 次，日投鲜饵量为鱼体重的 12%~15%。经 20 天左右的培育，鱼苗体长一般可达 3~5 厘米，此时饵料可逐渐由鱼糜转向小碎鱼块。如果用配合饲料投喂，此时应在鱼肉块内加入少量的配合饲料，以后逐渐增加配合饲料比例，最后完全替代鱼肉。同时伴以声音训练，使花鲈鱼苗形成投饵反射。经过 40~60 天的培育，至 6 月中旬，鱼种体长一般达到 6~8 厘米，此时日投饵量可减至鱼体重的 10% 左右，并转入池塘养殖阶段。强化培育阶段必须定期检查与清洗网箱，以防鱼苗逃逸或网箱的网眼被水体悬浮物堵塞而影响网箱内外水体交换，造成水质恶化、缺氧死鱼现象。

(二) 入池养殖

1. 池塘清整与消毒

将池水排干，清除池底过多的淤泥，检修进、排水系统，然后加入生石灰 50 ~ 100 千克/亩消毒，8 ~ 10 天后进水放养鱼种。

2. 鱼种放养

网箱内的花鲈鱼苗经过一段时间的强化培育后，鱼种个体大小往往差异较大，在入池前要进行挑选，除了剔除患病、伤残和畸形苗种外，还要进行规格分选，将规格基本一致的鱼种放养在一起，有利于提高苗种的成活率及控制花鲈的出塘规格。鱼种在放养前用浓度 5 毫克/升的高锰酸钾溶液药浴 5 ~ 10 分钟。

3. 鱼种放养密度

对于水位较深、水交换条件较好、有增氧设施、饵料供应有保证的单养鱼池，放养鱼种 500 ~ 1 000 尾/亩，产量可达到 300 ~ 550 千克/亩。条件一般的鱼池，放养 200 ~ 300 尾/亩，产量可达 150 ~ 280 千克/亩。对水位较浅、水交换量不足、养殖管理不便的池塘，只能进行粗养，放养量一般不能超过 100 尾/亩。

4. 投喂注意事项

鱼种刚入池时，由于改变了原来的生活环境，鱼种对新环境尚不能很快适应，主要表现为不集群摄食，这时需要进行驯化。在选定的投饵区每天定点、定时适量投饵，投饵前敲击食料桶作为信号刺激，持续约 7 天可恢复定点、定时摄食习性。若发现投饵时鱼种反应迟钝、抢食不积极，可能是由于水质恶化、溶解氧偏低、鱼病暴发等因素引起，应及时分析原因，采取相应解决措施。另外，投饵量与水质、水温、花鲈本身的生长都有较大关系，养殖期间应及时调整投饵量。花鲈的食量与水温有密切关系，摄食适宜水温为 25 ~ 30℃。水温上升至 32℃以上时，鱼种摄食量明显下降；水温下降至 13 ~ 15℃时，花鲈有一定的摄食能力；水温降至 10℃左右，很少摄食；水温为 7.5℃时，基本停止摄食。

5. 日常管理

每天至少应巡塘 3 次，早晨巡塘检查花鲈有无"浮头"现象发生，中午检查花鲈活动状况，晚上检查花鲈有无"浮头"征兆。平时应注意观察花鲈的活动情况。一般从水面很难见到花鲈活动情况，如果发现鱼在水表层缓慢游动，可能是发病或缺氧先兆。还要注意查看水色，正常水色应为浅黄色或黄绿色，池水透明度为 40 厘米左右，深褐色、黑色均为老化水，应及时换新水。最后要密切注意天气变化，及时采取增氧等预防措施。

(三) 水质调控

花鲈养殖对水质要求较高，通常要求 pH 值为 7.5 ~ 8.5，溶氧量在 5 毫克/升以上，氨态氮含量低于 70 毫克/升。一般采取换水、增氧与药品消毒等方法调控水质。鱼苗下塘后，应定期换水消毒。换水应根据水质具体状况而定，一般在高温季节勤换水，10 天左右换水一次，换水量 10 ~ 20 厘米水深，水温低时，换水次数少些。消毒一般用生石灰，每 20 天进行一次，用量为 10 ~ 15 千克/亩。花鲈鱼种对溶氧量要求较高，在养殖过程中应密切注意鱼种活动情况及天气状况，定期监测水体溶氧量，做到提前发现问题，及时采取措施。

三、养殖实例三：精养鱼塘花鲈成鱼养殖

冯杰、周洪高、戴家祥等开展精养鱼塘花鲈成鱼养殖试验，取得了初步成功。

1. 池塘条件

精养塘 1 口，水面积为 833 平方米，东西向，深为 1.8 米，塘埂坡度为 1:2.5，塘底有少量淤泥，进、排水方便，水源充沛，水质较肥。

2. 放养前的准备

池塘经过较长时间的暴晒，放养前 10 天左右，用净塘一号清塘剂全池泼洒，用量 15 千克/1 000 米²，以彻底清除敌害，待药物毒性消失后，加注新水至 0.7 米左右。1996 年 5 月 8 日放养花白鲢鱼苗 40 万尾，于次日起为其开食，用豆饼浆投喂，为花鲈培育早期生长所需的饵料。

3. 鱼种放养场

1996 年 5 月 23 日放养从外地引进的体长 2 厘米左右的花鲈夏花 1 400 尾。由于花鲈的胚胎发育是在一定的盐度环境下进行的，因而本地区纯淡水中试养需有一个淡化过程，具体做法是：将充氧的鱼苗袋放入水中，过半小时左右待袋中的水温同外界水温接近时，打开袋口把水和鱼苗倒入盆中，然后逐渐加入新水以逐渐降低盆中水的盐度，向纯淡水过渡。这样可以提高苗种的放养成活率。在鱼苗装运和淡化过程中，死亡鲈鱼苗 150 尾，下塘成活率达到 89.3%，合每 1 000 平方米水面放养花鲈 1 500 尾。

4. 水质管理

放养时，将水位控制在 0.7 米左右，以后逐步加注新水，到 6 月底使水位达到 1.5 米，且每 2~3 天换新水一次，换水量占水体总量的 20%~30%。高温期间，需每天换水，换水量为 0.1~0.2 米，以确保水质清新。

5. 投饲

放养的花鲈苗，开始时摄取花白鲢鱼苗。过 5 天左右，见塘中花白鲢鱼苗所剩不多，即给花鲈鱼苗投喂鱼浆，沿塘埂四周泼洒，每次 1.5 千克，每日 2 次，投喂时间分别为 09：00 和 16：00。10 天后再加投肉末大小的鱼块，每次 0.5 千克，且投饲位置从塘埂四周逐渐过渡到塘埂南侧，最后缩至一个点。20 天后即停止投喂鱼浆，而肉末大小的鱼块增至 1 千克，另外增投绿豆大小的鱼块，每次 1.5 千克。30 天后增投黄豆大小的鱼块，每次

3.0～3.5千克。40天后，当花鲈体长达到10～20厘米时，全部投喂黄豆大小的鱼块，且随着鱼体长大，将鱼块的直径相应增大，投饲量逐步加大，并将下午的投喂时间相应提早，过渡到14：00。8—9月份是投饲高峰期，投饲量达到每次12.5～15.0千克，并根据天气和吃食情况作相应调整，一日2次，经测定，花鲈以淡水鱼为饵料的饵料系数是6.25。

6. 鱼产量

833平方米水面积，共产鲈鱼868尾，计263千克，平均规格为0.3千克/尾，其中有668尾的平均规格达到0.36千克，养殖成活率达69.4%。

7. 经济效益

经济收入共计14 234.5元，成本支出10 687.3元，其中鱼种费3 038元，电费和租塘费966元，饲料费3 193元，折旧费582元，人工费2 300元，杂支566.3元，盈余3 547.2元，做到了当年试养，当年盈利。

第六章　尖吻鲈养殖技术

尖吻鲈（*Lates calcarifer*）（Bloch，1970）隶属于鲈形目，鲔科，尖吻鱼属，俗称盲曹、金目鲈、红目鲈。广泛分布于印度洋和西太平洋热带、亚热带海域，包括印度、缅甸、斯里兰卡、孟加拉、马来半岛、爪哇、文莱、菲律宾、新几内亚、我国南部沿海和台湾省。是河口咸淡水常见鱼类。其肉质鲜美、营养丰富，它与花鲈均为高档海鲜品，深受消费者喜爱。既是一种重要的食用经济鱼类，也是一种很受游钓爱好者所欢迎的游钓对象。目前在泰国、马来西亚、菲律宾、印度尼西亚、新加坡和中国等成为主要养殖对象。东南亚养殖模式主要是网箱和池塘养殖，我国以网箱养殖为主，近几年也发展池塘养殖，成为咸淡水养殖鱼类的名优品种之一。

第一节　尖吻鲈的生物学特性

一、形态特征

尖吻鲈体呈长椭圆形、稍侧扁、头尖，背脊呈凹形，到背鳍前缘开始隆起。口尖，嘴大略呈椭圆形，下颌突出，上颌延至眼后。鳃盖骨有坚硬的锯形齿。位于侧线起点之上，背鳍2个，基部相连，第一背鳍有硬棘7~9根，第二背鳍有细鳍条10~11根；胸臀鳍圆形，臀鳍有棘3条，鳍条7~8根，尾鳍圆，呈扁形，有较大栉鳞，体色上侧部青灰色，腹部白色（图6-1）。

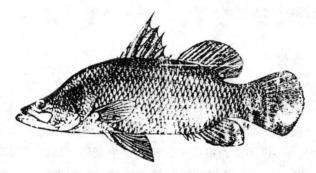

图 6-1 泰国尖吻鲈外形

尖吻鲈主要生长在亚洲，与生长在欧洲的沙鲈有所区别，参见表 6-1。

表 6-1 尖吻鲈及沙鲈的鉴别特征

部位	尖吻鲈（亚洲）	沙鲈（欧洲）
细鳍条	10~11	13~14
颌	下颌突出	上下颌相等
鳃下沿	3条鳍线	平滑
上颌	达眼后	达眼下

二、生态习性

尖吻鲈属广盐性鱼类，生活于海水或河口半咸淡水域，喜栖息于流速缓慢、淤泥多、浑浊度大的河口处，在与海相通的河流、湖沼、近海亦有所见。

性成熟后则降海产卵，仔鱼在盐度较高的海域生活一段时间，待体长长至 1 厘米以上，幼鱼又回到近岸及河口低盐水域生活。1 龄鱼进入河流，2 龄鱼时则遍布于河流和河口。

尖吻鲈生长适宜水温为 25~34℃；最适范围为 29~32℃。水温在 20℃以下不摄食，12℃以下会出现大量死亡。尖吻鲈在低盐度咸淡水中生长要比在海水中生长快，所以最适合在低盐度咸淡水中进行集约化养殖。

三、食性

尖吻鲈是肉食性凶猛鱼类，以鱼、虾、蟹为食。幼鱼摄食浮游动物及甲壳类。在养殖中个体差异大时，常出现同类相残。据养殖生长表明，体长在 10 厘米以上的尖吻鲈胃含物中 10% 为动物性饵料，其中 70% 为甲壳类，30% 为小杂鱼，反映了尖吻鲈进食不是按其嗜好，而是按其可能捕到的食物对象而定，目前在养殖中已采用人工配合饲料与小杂鱼相结合的投喂方式，效果相当好，以人工配合饲料为主。

四、生长

尖吻鲈个体大、生长快，其生长有阶段性，幼鱼生长缓慢，当体重达 20 ~ 30 克时，生长很快。在自然条件下，2 ~ 3 龄可长到 3 ~ 5 千克。到 4 千克左右时生长速度又逐渐缓慢。人工饲养的鱼苗经 1 年饲养后可达 500 克，在池塘养殖 1 周年内生长较快，其间又以 5—8 月生长最快，年初和年末生长明显缓慢，第二至第四周生长趋势与 1 周年基本相同。在海上捕捞的个体一般都为 5 ~ 10 千克。

五、繁殖习性

尖吻鲈 3 ~ 4 龄鱼性成熟，早期阶段体重 1.5 ~ 2.5 千克，多为雄性，到体重达 4 ~ 6 千克时多数转为雌性。尖吻鲈全年可产卵繁殖，4—8 月为产卵旺季，产卵均在近河口盐度较高的水域中，为 30 ~ 32。水深 10 ~ 15 米。

成熟亲鱼在产卵时会集群在水的上层活动，产卵多发生在大潮来临的 18：00—20：00。体重 12 千克的亲鱼产卵量可达 750 万粒；19 千克的亲鱼可产 850 万粒。尖吻鲈为多次产卵类型，卵浮性，卵径为 0.68～0.77 毫米，平均为 0.71 毫米，卵内具一油球。水温为 25～30℃时孵化，孵化时间为 15～20 小时。

在澳大利亚北部的新几内亚对尖吻鲈研究表明：尖吻鲈有洄游产卵的习性和雌雄同体的特点，其性成熟与体长有关，所有性未成熟的鲈鱼，其体长在 65 厘米以下者，具有典型的雄性生殖腺。体长在 65～80 厘米之间的尖吻鲈，99% 为雄性性成熟者。体长约为 90 厘米的，雌雄性成熟比例几乎相等，但体长超出 105 厘米者几乎全部属于雌性性成熟。不过这种情况因地区不同而有所差异。

第二节　尖吻鲈的苗种培育

一、仔稚、幼鱼的培育

自 1971 年泰国在自然产卵场采捕成熟亲鱼进行人工授精首获成功后，随后菲律宾、马来西亚、澳大利亚也相继进行了尖吻鲈人工繁殖，我国台湾省是 1985 年用鱼苗养成的亲鱼进行人工繁殖成功。1986 年中国科学院南海海洋研究所从天然海区捕获亲鱼人工繁殖取得成功。珠江水产研究所从 1985 年起用鱼苗在池塘养成的亲鱼，进行强化培育，获得性成熟亲鱼；1989 年对初次成熟亲鱼催产获得少量鱼苗，1990 年又育出 409 万尾仔鱼，在国内首次获得尖吻鲈全人工繁殖成功，培育亲鱼时的盐度比泰国等现行的盐度要求更广泛，使尖吻鲈的人工繁殖有所创新和突破，随着 1997 年在海南、湛江利用其气候优势，尖吻鲈的人工繁殖已能达到规模化生产，为我国咸淡水区养殖尖吻鲈的发展奠定了基础。

在人工繁殖尖吻鲈的过程中仔稚、幼鱼苗的培育是最重要的环节之一。在培育阶段，为降低仔稚、幼鱼的死亡率，提高存活率，不管用什么方式培育都要考虑到相关的必需因素：如水质、饵料、饲养、放养密度，仔稚、幼鱼的分级及鱼病防治等。

（1）**水质**　海水的水质是培育的最重要因素之一，也是培养基础饵料生物的关键因素。如果海水混浊，应当从沙滩下用水泵抽取，另外养殖用水应在蓄水池沉淀 1~2 天，然后用沙滤除去污物和杂质，确保水质符合育苗的要求。

（2）**盐度**　培育仔稚、幼鱼苗和饵料生物海水的盐度为 25~30，前 15 天盐度变化保持在 20~28，以后逐渐淡化至 10~20，随着鱼苗的长大，要逐渐淡化过渡到低盐度的水环境。

（3）**换水与清污**　换水量前 15 天每天为 10%~15%，第16~25 天，每天换水量应大于 50%，一旦开始用鱼糜投喂时，每天换水量在 80% 以上，换水时，使用过滤器，用虹吸管排水，污物及沉淀物均用虹吸管排除，之后进新鲜海水。

（4）**放养密度**　密度因培育的方式和鱼苗的大小而变化，随着鱼苗长大，经 15 日的培育幼苗大小不一，就要进行分级，鱼苗越大放养密度就越稀疏。

（5）**饵料**　饵料的种类和投饵方法是影响稚、幼鱼的生长、健康、个体大小和存活率的最重要因素，根据稚、幼鱼苗的大小可用多种饵料投喂，早期的稚幼鱼以投喂浮游动物为宜，由小型甲壳动物过渡到鱼糜、小杂鱼虾、软颗粒人工配合饲料等。

仔鱼培育可分为两个阶段。

（1）**从仔鱼到 1.5 厘米鱼苗的培育**　育苗池 10~15 平方米，水深 1 米，盐度为 20~32，刚孵化出的幼鱼放养密度为 30 尾/升，微充气。第二天投放小球藻，作为轮虫饵料，调节水质为淡绿色。第三天仔鱼开口摄食，应投喂轮虫 4~6 个/毫升。此后每天投喂轮虫和藻类 2~3 次，换水 20%~30%，隔天吸污一次。1周后投喂轮虫和卤虫的无节幼体，日喂 1~2 次。换水量增至50%，水温为 20~29℃时，18 日后可长至 0.7~1.2 厘米，一般10 天后幼鱼放养密度为 15 尾/升，21 天后密度为 6 尾/升。放养密度减少，使幼鱼之间减少相残，提高存活率和生长速度。

（2）从仔鱼到 2.0 ~ 2.5 厘米鱼苗的培育　仔鱼苗放养于规格为 2 米 × 4 米 × 1 米的网箱，放养密度 1 250 ~ 2 000 尾/米²，饵料以卤虫无节幼体和鱼糜为主，日喂 4 ~ 5 次，约一周过筛分级和洗箱或换箱，水温为 27.5 ~ 33.5℃，盐度为 5 左右，培育 1 个月，鱼苗可长至 2.1 ~ 2.5 厘米，成活率达 50% ~ 60%。

二、苗种的中间培育和饵料驯化

通常苗种的中间培育有两种方法，即池塘培育法和网箱培育法。苗种的培养是从 1.5 ~ 2.5 厘米的鱼苗培育到 5.0 厘米以上的鱼种。

（1）**苗种池塘培育法**　应选择水源充足，未受污染，水深为 50 ~ 80 厘米，面积为 500 ~ 2 000 平方米，盐度变动幅度为 0.2 ~ 5.0 的池塘进行尖吻鲈苗种的中间培育。另外池塘应建有进、排水闸门，并具有一定的坡度以便排水。在闸门口处要装置网目为 1 毫米左右的安全网，以防止敌害生物进入池塘，并配置增氧机以增加池塘水体的溶解氧含量。在放养苗种前，应对池塘进行清塘消毒，池塘纳水数天后可在池塘中施肥培养作为苗种基础饵料的浮游生物，放养苗种体长为 1.0 ~ 2.5 厘米，放养密度为 20 ~ 50 尾/米²。另外，为防止残饵及饵料生物大量繁殖造成水质恶化，应注意观察水色，及时换水。

在进行尖吻鲈低盐度池塘集约化养殖时，可在池塘中施复合肥以培养作为苗种饵料的浮游生物，施光合细菌以保持水质新清稳定。在施肥 7 ~ 10 天后，全池泼洒有益微生物制剂，即可将鱼苗放入设置在池塘中的网箱中进行中间培育，放养苗种的体长在 3 厘米左右，放养苗种的密度可达到 2 000 尾/米²，在培育 7 ~ 10 天后，将体长达到 5 厘米的苗种移入其他网箱进行培育，放养的密度为 70 ~ 80 尾/米²，并对这些苗种进行 7 ~ 10 天的饵料驯化，使其从摄食枝角类、桡足类等浮游动物转变为摄食鱼糜和人工配合饲料，即完成苗种的中间培育。

(2) 苗种的网箱培育 采用矩形浮式网箱，网箱规格为 3 米×1 米×1 米至 5 米×2 米×1 米。网目为 1 毫米。网箱设置在远离污染和台风侵害的江河沿岸或池塘中，苗种放养密度为 80～100 尾/米^2，培育 30～45 天，再将其按不同规格分别放养到不同规格的网箱中进行养成。

尖吻鲈从仔鱼到幼鱼阶段的发育生长过程，食性较为复杂。分别经藻类→轮虫→卤虫无节幼体→鱼糜肉、小鱼虾及人工配合饲料的逐渐过渡驯养过程。

仔鱼开口饵料主要为藻类→轮虫等，当鱼苗长到 0.5 厘米时，即可摄食卤虫无节幼体。当体长达到 1.5～2.0 厘米时，开始投喂鱼糜、鱼肉浆较为理想。2 厘米以上可完全投喂鱼肉浆和人工配合饲料和鲜杂鱼虾。

第三节 尖吻鲈的养殖技术

尖吻鲈个体大、生长快，为凶猛的肉食性鱼类，在华南沿海及闽南、台湾等地区，养殖的方式主要是网箱和鱼塘养殖。尖吻鲈是珠江口咸淡水域养殖的主要名优养殖品种之一，现将其养殖模式分述如下。

一、尖吻鲈的网箱养殖

网箱养殖具有充分利用水面，不占土地，投资小等优点，适用于生长快、食饲广、能适应高密度养殖环境的养殖鱼类，尖吻鲈具有上述特性，因而很适合网箱养殖，这里介绍的是当前我国沿海常见的浅海浮动式网箱养殖模式，该模式的优点是：投资较少，管理方便，可集约化养殖，移动容易，投饵简便，产量高，效益好等；但不足是，易受风浪影响而损坏，箱小，鱼的活动空间有限，放养鱼较密，易感染病害，网箱上易附着一些附着生物，影响水体交换等。

1. 网箱养殖的场地选择

网箱养殖海区的选择条件，预先要对拟养海区进行全面调查，现场考察，要选择周年风浪较小，避风向阳，潮流畅通，水质清新，无污染的内湾或近海区，还要考虑饵料和苗种来源方便，交通方便，供电及淡水水源等条件较好等多种因素。水深在退潮时要保持网箱底离水底 1～2 米，以防网底磨损而造成逃鱼等经济损失。

2. 网箱的装置

（1）**网箱的类型**　网箱的类型多种多样，设置方法也各有不同，要因地制宜，从设置方式来分，分为浮动式、固定式、翻转式和沉下式；从网箱型式来分，又分为单层、双层及中层吊式网箱。单层网箱目前使用最多，优点是水流较畅通、操作方便，缺点是一旦网衣破损，箱内鱼易逃逸。

浮动式网箱是目前国内外广泛采用的一种网箱，其结构是将网箱悬挂在浮力装置或框架上，网箱顶部浮于水面，大部分网衣沉于水下，随水位变动而升降。网箱顶部有或无盖网（图 6 - 2 至图 6 - 4）。浮动式网箱的优点是网箱内鱼类所居的水层和水体积不会因水位变动而变动，网箱还可随意移动位置，机动灵活；缺点是在海上抗风浪能力差。一般多设置在避风浪条件较好的港湾海区。

目前，我国南方多用改进型组合式浮动网箱，每组有网箱 20 个左右，这种网箱把浮架和走道合成一体，用铰链把所有的走道连成一个可浮动的筏，然后将网衣拴在浮动走道间所连成的网箱孔的钩环上，多个网箱相连构成养鱼排，上设小木屋，供管理人员居住、看守和作为管理网箱的操作室或饵料贮存配制车间。

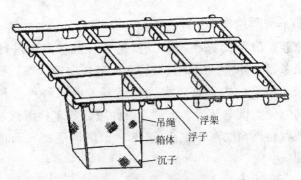

图 6 - 2 浮动式网箱结构

图 6 - 3 PE 塑料制作的浮动式网箱

图 6 - 4 钢管制作的浮动式网箱

（2）**网箱规格与网目大小**　目前网箱规格尚无统一标准，各地可根据生产实际情况确定。实践证明，小网箱的单位水体产量要比大网箱高。目前我国生产上常用的网箱规格有 2.5 米 ×2.5 米 ×2.5 米，3 米 ×3 米 ×3 米，3.5 米 ×3.5 米 ×3.5 米，4 米 ×4 米 ×3 米等，网箱深度一般为 2～5 米，多为 2～3 米。

网目的大小依鱼的规格而定，一般是在不引起鱼逃逸的前提下，网目可适当放大，可节省网衣材料，降低网箱成本，提高水交换能力。由于每种鱼类其体高的 2 倍均小于鱼体周长，所以选择网目大小时，网目要小于鱼种体高的 1/2。

（3）**鱼排**　用长 6～10 米、宽 0.2 米、厚 0.12 米的木方做成框架（鱼排）、定位后用 8～10 毫米的螺丝固定。

（4）**浮子**　用尼龙胶丝或白胶丝将浮子捆扎固定在框架上，用塑料桶作浮子，规格为 25 厘米 ×25 厘米 ×30 厘米，浮力约 25 千克；也可用 80 厘米 ×60 厘米 ×50 厘米的泡沫块作浮子，其浮力为 250 千克。

（5）**网箱固定**　将装好的渔排拖曳到已选好的海区，然后用铁锚、缆索固定在海面上。

3. 养殖管理

（1）**网箱养殖的两个阶段**　① 苗种培育阶段。当鱼苗运到养殖区后，要打开袋逐步加入新水，待鱼苗逐渐适应新环境，再移到网箱饲养，切不可把鱼苗直接放入。必要时用抗生素等药浴消毒后，再放入网箱暂养，苗种培育的网箱前期网目为 0.5 厘米，后期网目改换为 1.0～1.5 厘米。网箱深度以 3.5 米左右为宜，更换网箱的原则是，网目对角线长度小于鱼体头部最大直径。由于苗种培育期的网箱网目较密，水交换差，所以要经常洗涮和换网。一般尖吻鲈的放养规格为 5 厘米左右，苗种来源主要是人工培育的鱼苗。苗种放养水温要求在 25℃ 以上为宜，最好在 28℃ 以上。体长为 2.5～5.0 厘米的鱼苗放养密度为 1 000 尾/米³ 之内为宜，最适宜为 500～800 尾/米³，一般经 30～40 天的培育，体长可达 15 ~ 20 厘米左右,此时便可进行分箱养殖。

② 商品鱼(成鱼)饲养阶段。前期鱼种放养密度为 60 ~ 100 尾/米³,后期降至 20 ~ 30 尾/米³,若放养过密,会抑制其生长。如果放养密度过疏,尖吻鲈摄食无竞争力,生长也不快。若希望早达商品规格,早投放市场,前期鱼种放养密度最好在 30 尾/米³ 之内,喂养到商品规格收成。

(2)**饵料与投喂** 苗种培育初期投浆状鱼肉糜,日投饵量为尖吻鲈体重的 6% ~ 10%,日投喂 2 ~ 3 次。

养成期投喂鲜下杂鱼虾或鲜冻的杂鱼肉作饵料,要保证饵料的鲜度,腐败变质的鱼不能用作饵料,因为尖吻鲈食之会引起中毒死亡。日投饵量为鱼体重的 3% ~ 5%,日投喂 1 ~ 2 次。投喂方式为撒投或挂饵料盘及饵料台等。每次少投,促使鱼群争食,投喂规则为"慢、快、慢",若抢食不强烈则不要再投喂。要根据饲养的具体情况而调整饵料投喂量,水温太低或太高就要减少投饵量。

由于更换网箱,受惊扰鱼往往 2 ~ 3 天不愿摄食。若水质恶化及风浪大,水浑浊、透明度低时,也要降低投饵量或不投喂。采取上述投喂技术,可降低饵料系数和节约成本。

(3)**污损的防治** 网箱在海中,容易被一些生物所附着,这种现象称为污损,常见的污损生物有藤壶、贻贝、海鞘及头足类的卵袋和海藻等。这类生物大量附着于网衣上,增加了网箱的重量,严重时可使网箱下沉没入水中。污损物还会堵塞网目,使水流交换受阻不畅,水流交换速度明显下降,导致箱内水质恶化,引起鱼类缺氧而死亡等事故。在当前缺乏有效防治方法的情况下,只有不断更换网衣,并随着鱼体的增大更换不同网目。在污染严重的季节,最好 30 天左右更换网箱一次,换下的网箱,要经曝晒后清除附着物等处理。国外已研制出一种对鱼类无毒的防污损涂料,涂染于网衣上,可防污损,但价格较贵。目前我国也在研制开发之中。

（4）其他日常管理工作 ① 安全检查。经常检查网箱的安全，有否破损，松动，如发现污损严重，要及时更换网衣，大风浪季节要全面检查，若有隐患，要及时处理，严防逃鱼。

② 观察鱼情。掌握尖吻鲈的生长情况，定期测定鱼的体长、体重，调整投喂量，以防相互残杀，同时观察鱼体是否有病，发现死鱼要及时处理，查明原因，对病鱼要及时治疗。以免互相感染。

③ 要经常清洗网箱。保持网箱内尖吻鲈处于良好的生长环境，为保证尖吻鲈的食品安全，在高温季节或养殖后期，最好网箱上要加上遮光盖，以防止鱼体色变黑，使鱼不易受惊扰，防止藻类的繁殖附着，日温差、透明度等激烈变化，后期投喂新鲜杂虾和鱼类，可保持尖吻鲈肉质的野生鲜味。

4. 做好日常管理记录

日常管理记录的内容包括：鱼类活动及摄食情况、水温、盐度、透明度等水质测定。是否有病鱼，处理情况，天气变化情况，网箱的污损及换网情况，定期测定鱼的体长，体重增长情况，网箱破损及修复记录，加强提高防病意识，做好防病技术培训工作。

二、网箱养殖的实例

早在 20 世纪 80 年代，泰国的尖吻鲈网箱养殖已有丰富的经验，这里把有关泰国 1983 年网箱养殖的实例介绍如下。

网箱养殖尖吻鲈，在泰国、马来西亚、印度尼西亚、中国香港和新加坡已经有很好发展，海水网箱养殖尖吻鲈的成功及其明显的经济效益，在泰国等东南亚沿海促进了尖吻鲈养殖业的大规模发展。尤其在泰国，由于推行了海水网箱养殖鲈鱼，使拥有少量土地和资本的渔民获得了较好的生活和较高的收入。

在泰国海水网箱养殖尖吻鲈，地点选在港湾、环礁湖、盐水湖、小海湾、内陆海或风浪较小的海域，在泰国海水网箱养殖尖吻鲈鱼限于宋卡湖、朋拉孔河或雨季时通常盐度较高的地方，渔民联合进行养殖，尖吻鲈在泰国市场价格比其他鱼类高出 4 倍，用于养殖尖吻鲈的网箱有以下两种。

1. 漂浮式网箱

在泰国中部，浮式网箱的大小为 20 立方米（2.5 米×4.0 米×2.0 米），但实际上只有 15 立方米在水下，正因为网箱有 15 立方米在水下，所以网箱形状需用 1.905 厘米钢管框架支撑在网内。放养密度为 60～80 尾/米^3，6 个月的产量为 35～40 千克/米^3。

在泰国南部，网箱的大小为 50 立方米（5 米×5 米×5 米），但其水容积只有 25～35 立方米，网箱形状借其四角的钢管框架得以支撑，因而其形状和容积受到海风和潮流的影响，致使放养密度降低（15～25 尾/米^3）。养殖 6 个月的产量为 8～15 千克/米^3。网箱借金属浮筒、塑料浮筒、泡沫塑料块或竹筏作漂浮。

2. 固定网箱

固定网箱的大小，一般为 5 米×5 米×（2.5～3.0）米，网的四角固定在竹竿或木桩上。这种固定网箱通常放置在海浪较小的海湾。这种网箱成本低、投资少，易于设置，但因为水的深度和换水受到限制，其放养密度较低（40 尾/米^3），养殖 12 个月其产量为每 20～28 千克/米^3，详见表 6-2。

表 6-2　1983 年罗勇盐淡水渔业站鲈鱼网箱养殖所得结果（养殖期 6 个月）

项目	1 号箱	2 号箱	3 号箱	总计	平均值
网箱面积/平方米	6	6	6	18	6
始养时平均体长/厘米	5.25	14.36	13.91	43.52	14.51
始养时鱼平均体重/克	49.42	40.38	37.25	127.05	42.32
放养鱼的数量/尾	600	600	600	1800	600
个体鱼最后平均重量/克	622.03	633.41	621.21	1876.65	625.55

项目	1号箱	2号箱	3号箱	总计	平均值
生长率/克·日$^{-1}$	3.18	3.29	3.25	9.72	3.24
存活率/%	96.17	93.33	94.00	283.50	255.82
产量/千克·箱$^{-1}$	360.40	348.94	358.12	1067.46	255.82
产量/千克·米$^{-2}$	60.07	58.16	59.69	177.92	59.31
产量/千克·米$^{-3}$	46.21	44.78	45.91	136.84	45.62
饵料转化率	4.61:1				

在养殖期间无需更换网箱；而在泰国南部的网箱，因附着生物及有恶臭的细菌凝聚较多，为不影响养殖则需有备用网箱，以便更换。

三、尖吻鲈的池塘养殖

尖吻鲈是广东、海南、福建闽南池塘养殖的主要对象，其成鱼养殖可在原中间培育池中进行，也可在另一池塘中进行。养殖所要求的池塘条件与中间培育池相似。

尖吻鲈池塘养殖一般采用两种方式。

（1）**单养方式**　即单一品种养殖尖吻鲈，其放养密度为600~1 200尾/亩的鱼种，体长在5厘米以上。

（2）**混养方式**　即将尖吻鲈与其他鱼类如遮目鱼和罗非鱼在咸淡水池塘中进行混养，3种鱼的放养密度分别为尖吻鲈350尾/亩、遮目鱼100尾/亩，罗非鱼280尾/亩。3种鱼的放养规格分别为10~20克、20~30克、30~50克。1996年，东莞海洋与水产局张邦杰等在东莞市400公顷连片池塘以尖吻鲈为主养对象，年平均单产11.08吨/公顷。取得了良好的经济效益，推动了珠江三角洲咸淡水养殖尖吻鲈的发展。

1. 鱼种放养殖前的准备

（1）**池塘条件**　养殖场选址应考虑水源、水质及交通条件，要求水源充足，未受污染，盐度变幅为 0.2 ~ 5.0，交通方便，有电力供应。养殖场应具备良好的排、灌系统，进、排水分家，无潮灌能力的养殖场应安装水泵或水车进行排灌和增氧，池塘的进、排水闸门宽 0.8 ~ 1.0 米，最大日换水量为 30%。精养池塘一般面积为 10 ~ 15 亩，中间培育池为 3 ~ 5 亩。

（2）养殖前的准备工作　池塘需经严格的清塘消毒，将池水放干，暴晒，清淤，平整池底，加固堤坝和闸门等。在上述工作后用药杀死池塘中的有害生物，包括野生的鱼虾蟹及各种病原体寄生虫等。依据池塘的养殖年限，一般消毒的药物有生石灰、漂白粉、"鱼藤精"等，一般消毒用药 1 个星期后毒性消失，可进水，应在进水闸门安装好滤水网袖，防止其他杂鱼等进入池内。

池塘进水后要进行肥水，每亩可用有机肥 400 ~ 500 千克，化肥 3 ~ 4 千克。光合细菌 2.5 ~ 5.0 千克，以后光合细菌按此量每隔半个月施用 1 次。

2. 鱼种放养

当池塘水温达到 25℃ 以上时，尖吻鲈鱼种即可进塘养殖。放养鱼种的规格全长应在 5 厘米以上。

（1）放养密度　根据池塘的条件和管理水平、水深及换水能力和设备，一般以每亩放养尖吻鲈 600 ~ 1 200 尾为宜。

（2）鱼苗运输　尖吻鲈鱼苗的运输有帆布桶和包装箱两种装运方式。

帆布桶运输适用于短途车运，运输途中需不断充气，1 个帆布桶可装载鱼苗 3 000 ~ 5 000 尾（气温不超过 20℃）。

包装箱运输适用于空运或长途运输，1 个包装箱由纸箱、泡沫箱、塑料袋 3 部分组成。将海水和鱼苗装入塑料袋中，海水体积是塑料袋实用体积的 1/3 左右，再打包后，即可托运。用包装箱运输全长 2.5 ~ 3.0 厘米鱼苗。在水温不超过 20℃ 时，运输时间连续不超过 15 小时的前提下，每 10 升水，可装鱼苗 1 000 ~ 1 200 尾。

（3）鱼种进塘 为了便于前期饲养管理，提高饲料效率，驯养鱼苗定点、定时摄食的习性，把刚运回的鱼苗，需放在网箱或以网衣围起来的小面积养殖水域中暂养。网箱应设置于靠近进水闸门的深水区域。当鱼全长达到 10 厘米后，即可移出网箱或拆除围网直接放入池塘内饲养。

3. 饲料投喂与日常管理

（1）饲料投喂 在养殖尖吻鲈期间饲料投喂是关系到鱼类的生长和提高产量的关键所在，所以要做到"四定"的科学合理投喂。

① 定质：投喂的饲料要求为营养全面高效环保的饲料，严禁投喂腐败变质的饲料。

② 定位：经过一段时间的驯化，尖吻鲈能在池塘固定的水域中寻食饲料，定位投喂可减少饲料浪费，提高饲料利用效率，降低成本，减少残饲污染池底。通常鱼苗经暂养后放养，仍会习惯于在原暂养过的水域寻食，所以要固定投饵点。

③ 定时：应在每天的早晨和傍晚定时投喂饲料。

④ 定量：可根据尖吻鲈的个体大小和数量，以及鱼的生长状况和水质而科学合理地制定每日的投饲量，尖吻鲈每日投喂量一般为体重的 3%～5%，但要灵活掌握，如遇到强风、阴雨天气、缺氧或水质恶化发生鱼病时，均会影响鱼的正常摄食，投喂量要适量减少或停喂。

（2）日常管理 在养殖过程中，必须每天早晨巡塘一次，在高温、气压低或闷热、无风、阴雨天气要特别注意水质的变化，主要观察水色、透明度是否正常，鱼的活力、摄食情况，以及是否有"浮头"现象等。最好要配备化验设备，对水质溶解氧、pH 值、氨氮及硫化氢等进行定时测定。

目前改善池塘水质主要依靠及时进排水和使用增氧机这两个途径。因此精养池塘要有足够的换水能力以及配备增氧设施。通常放养密度为 500 尾/亩时，日平均水体交换率在 10% 左右。放养密度为 1 000 ~ 1 500 尾/亩时，日水体交换率为 20% ~ 30%，在养殖后期（每尾体重达 500 克以上为后期）要勤换水和开增氧机，一般每隔一周换水一次，每次换水 30% ~ 50%。具体应视天气、水温及水质、水色等情况而定。

（3）鱼病防治　在高温季节要保持良好的水质，在投饵时不要投腐败变质的下杂鱼，要经常消毒饲料台，改善鱼的饲料营养，可用冷冻鱼和粉末饲料为原料加工成软颗粒鲜饵料，这是高效环保饲料。坚持定期以药饵防治，一旦发现有病鱼，要立即查找病因及时治疗和处理。以防为主，确保健康养殖。

（4）定期检查做好记录　在养殖生产期间，要掌握鱼的放苗量、生长情况，定期测量鱼的体长、体重，检测水质，如水温、盐度、pH 值的变化等，并做好记录。做好鱼病防治，养成的产量、产值情况等都要详细做好记录，以便总结经验，作为今后制定增产措施的依据，便于技术推广。

四、泰国尖吻鲈的池塘养殖

这里是指从 5 厘米大小的鱼种养殖到上市销售规格的成鱼。在泰国中部地区上市的鲈鱼，其体重为 400 ~ 800 克/尾（0.4 ~ 0.8 千克）。这样规格的鱼在市场售价最高，但在泰国南部上市的鲈鱼，其体重为 600 ~ 800 克/尾，或 1 200 ~ 2 000 克/尾，养殖时间 4 ~ 8 个月（600 ~ 800 克/尾）或 12 ~ 20 个月（1.2 ~ 2.0 千克）。下面介绍两种养殖方法。

1. 池塘养殖

鲈鱼既可在沿海地区养殖，也可以在淡水地区养殖。养殖池塘的面积为 1 600 ~ 3 200 平方米（2.4 ~ 4.8 亩）不等，深度为 1.0 ~ 1.5 米。池塘应有进、排水口设施。

（1）池塘条件　在集养鲈鱼种苗时，应先把水排干，并撒石灰消毒。在池塘的出口处设置一个 10 米 × 10 米的围网，在拦网

内撒入 150 千克食盐。高潮时借水泵抽水入塘，然后将体长
5.0~7.5 厘米的鱼种集养在围网内，放养密度为 1.5~2.0 尾/
米²。饵料为碎鱼肉加上维生素和矿物质，每天投喂 4~5 次，连
续 1 个月，使鱼饱食，随后每天投饵次数减至 2~3 次。1 个月
后，撤去围栏使鱼种进入全池。网拦的作用在于训练鱼种靠近池
塘出口处进食，因为在网拦小范围内，鱼种容易摄食到饵料，可
提高饵料的利用率。

（2）池水管理　开始水深为 60~70 厘米，随后在池里逐渐加
水，使深度增至 100~120 厘米。1 个月后每日换水 1~2 次，换水
时间一般在晚间或清晨投饵前，先抽水入池，然后排水，再进水，
这样使水质不致骤变。培养期间的第一个月要把池底的沉泥和残饵
用水泵吸出两次，以后每周 1 次，否则收获时，鱼味不佳。

（3）培养时间　在温暖季节，鲈鱼种在池塘里培养 4.0~4.5
个月后即可上市；上市时鱼的体重为 400~600 克/尾，在泰国市
场上销售价格为 65~67Bath（3.09~3.19 美元）。养殖 5~6 个
月产量为 0.75~0.90 千克/米³，见表 6-3。

表 6-3　1986 年罗勇盐淡水渔业站土池养殖鲈鱼的试验结果
（养殖期 6 个月）

项目	第一池	第二池	平均值
池塘面积/平方米	1 700	2 040	1 870
放养数量/尾	3 400	4 080	3 740
始养时鱼的平均长度/厘米	6.21	6.21	6.21
始养进鱼的平均体重/克	4.25	4.25	4.25
个体鱼最后平均重量/克	506.10	521.72	531.91
生长率/克·天⁻¹	2.77	2.86	2.82
存活率/%	94.32	91.40	92.86
产量/千克	1 641.53	1 774.8	1 706.6
产量/吨·公顷⁻¹	9.6	8.7	9.1
饵料转换率	3.16:1	3.24:1	3.20:1

2. 鲈鱼与罗非鱼混养

根据鲈鱼的摄食习性，可以在池塘里控制罗非鱼的繁殖。按照 Fortes（1985）和 Genodepa（1986）的资料报道，在每公顷鱼塘里，放养 10 000 尾罗非鱼（雌雄比例为 3∶1），鲈鱼 660 尾，先投放性成熟的罗非鱼入池一个月后才放入鲈鱼种苗。两种鱼在同一池塘中养殖，鲈鱼日增重量约为 1 克，以后由于饵料限制其生长速度可能放慢。罗非鱼与鲈鱼混养，其产量为 831.2 千克/公顷，比单养罗非鱼产量（959 千克/公顷）低，不过池塘里增加了鲈鱼产量（150 千克/公顷），产值比罗非鱼高。

3. 饲料类型的选择

鲈鱼有在水中摄食的习性，喜欢湿软食物。因此，挤压成形的颗粒饲料，应浸水使其吸水膨胀而成为缓慢沉降的小颗粒用以喂饲鲈鱼。鲈鱼可以通过训练使其摄食沉性的颗粒饲料，但其饲料转换率及其饲料效果尚在试验之中。

渔民很容易制造这种便宜的湿软颗粒饲料，但需要黏合剂。一般是用淀粉或 α 淀粉作黏合剂。颗粒饲料制作较贵，需要用挤压成形机，以及机器所需要的能源和较长的干燥时间，同时损耗大量的热敏性维生素。若使用浮性饲料，更易于饲养使用。挤压成形颗粒饲料与湿软饲料的转换率为 1.0~1.2（以干重计）。

如果渔民能够以低价购得新鲜鱼类的废弃物，则可推荐他们使用传统的鱼类废弃物加上各种复合维生素和矿物质。使用鱼类废弃物饲料的转换率为 4∶1。

药用饲料可按所需要药物种类处方，在制作饲料前将适当的药物加入饲料。至于挤压成形颗粒饲料，在泰国经挤压过或用药水浸泡过的饲料制成之后，应立即添加所需要的补充物质。

4. 投饵量及投饵技术

鲈鱼的给饵率是依照鱼体重量的百分率来确定的，根据鱼体的大小和水温的高低来调整给饵率。小鱼比大鱼需要更多的饲料，所有的鲈鱼在水温较低的水域里比其在水温较高的水域中摄食为少。表6-4所示为小鲈鱼拟定的给饵率。

表6-4　小鲈鱼的最高给饵率

鱼体大小/克	每日给饲次数/次	按鱼的体重每日给饵率/%
1.8~5.4	2~3	7.18
5.5~11.5	2~3	5.70
11.5~19.2	2	4.59
19.3~27.9	2	3.90
28.0~54.0	2	3.50

上述给饵率仅作为一般参考，由于还有许多相关因素，故生产者可自行考虑和判断。鉴于鲈鱼有自相残杀及好斗的天性，饲养时可有针对性地选用适宜的给饵方式。缓慢地给饵，使鲈鱼充分摄食，收获时使鱼体大小变化会小些，并可减少分级次数和减小死亡率。

5. 养殖管理技术

从小鲈鱼养殖到成鱼期间，为了便于管理和获得高产，应按鱼体的大小进行分群培养。最大者留作集约养殖，除去最小者。并集中同样大小的鱼置于网箱或鱼池中养殖。对于手指大小的鲈鱼种在运输到养殖场所放苗前，应当用叮啶黄素进行消毒后再放入网箱或鱼池，放苗时苗逐步加入养殖池水，使鱼种逐渐适应周围环境的温度、盐度和pH值。鱼种投入网箱养殖的时间，最好是在清晨06：00—08：00，或晚间温度较低时的20：00—22：00。网箱每隔一到两星期用长柄刷洗刷一次。在泰国中部，因网箱设置方式的缘故，附着在网箱的附着物及发臭细菌较少，洗刷网箱较为容易，在养殖期间无需更换网箱。

第四节 尖吻鲈鱼的病害与防治

泰国鲈鱼（尖吻鲈）在漂浮的网箱里养殖，10 年前就遇到过水质经常发生变化的问题。原因是为了增加产量，盲目地增加网箱数目，由于过于密集，于是接触病原体的机会就增加了。同时还由于网箱养殖产量高，发生暴发性鱼病的可能性也增加了。

鱼病的定义是指鱼体的任何部位或器官的功能结构发生紊乱。疾病所导致的生理性或行为性的改变如下。

① 摄食变慢或完全停滞；② 鱼体游泳异常或失去平衡；③ 鱼体与网箱摩擦；④ 鱼体出现不正常色泽，可能亮些或暗些；⑤ 产生大量黏液；⑥ 鱼鳍出现损坏；⑦ 鱼鳃苍白损伤；⑧ 出现眼球突出；⑨ 鱼腹出现肿胀，内有云雾状、血状黏液；⑩ 生长率和饲料转换率低；⑪ 死亡。

上述症状不一定都出现于每一条病鱼，但患有疾病的鱼，可以见到上述某些症状。

某一传染疾病的突然暴发和发展，总是会存在以下 3 个因素：① 存在病原体；② 受感染的鱼；③ 可以造成鱼病发生的条件。导致鲈鱼感染的病原体有寄生虫病、细菌病和病毒性疾病。

鱼也可以因其他因素而发生疾病，如：① 营养失衡，如出现粉红色皮肤，头鼻短小；② 其他如游泳徘徊综合征等。

一、疾病的预防

疾病预防应注意以下几点：

① 在处理鱼病时不要喂饵；② 鱼在移换饲养池时，不要从高处抛下；③ 移动鱼时应谨慎小心；④ 不要惊动鱼，如驱赶；⑤ 不要用尖硬物体和用具捞鱼，最好用无节抄网，如有可能也适应于网箱；⑥ 每月更换网箱一次；⑦ 以营养平衡的饲料喂鱼；⑧ 缓慢喂饲使鱼饱食。

二、传染性疾病

（一）寄生虫病

寄生虫是一种寄生在其他动物并以其他动物为生的一种生物。被寄生的动物称宿主。寄生虫，小至在显微镜下才能看到，大的用肉眼就可以很容易地看清楚。寄生虫通常可分为原生动物类，又称单细胞寄生虫，还有后生动物（Metazoa）或称多细胞寄生虫。

鲈鱼的寄生虫主要寄生在鲈鱼的皮肤和鳃上，可以造成鲈鱼机械性血管破坏和闭锁，剥夺了宿主的营养并使宿主易于导致继发性的疾病感染。养殖鲈鱼时，原生动物类寄生虫的危害可以造成严重的疾病问题。

1. 阮核病（Cryptocaryoniasia），或称白斑病

（1）病原　这是一种常见的原生虫病。引起病因的生物是 *Cryptocaryon* sp.。得这种原生虫病的多见于手指大小的小鲈鱼。

（2）症状　患病后，鱼体呈银灰色，在其背鳍上很容易看到白斑。患病的鲈鱼常用身体摩擦网箱，呈现出其白色腹部。鱼体丧失食欲，体色变暗，眼睛出现痴呆，有长的粪条拖于体下。

（3）治疗方法　可用35毫克/升甲醛溶液（福尔马林）洗浴3天，并用30毫克/升高氯酸钙消毒网箱。

2. 车轮虫病（Trematodes）

（1）病原　车轮虫是一种盘形原虫，直径约100微米，齿呈圆圈形，其复侧有纤毛。车轮虫可寄生于所有的鱼，但最常寄生于小鲈鱼。主要是鳃和皮肤。

（2）症状　鱼鳍受到严重损坏，体色变暗，鳃丝苍白受损，并有皮下出血现象。

（3）治疗方法　用250毫克/升甲醛（福尔马林）每天药浴半小时，连续治疗2~3天。

3. 寄生吸虫（Trematodes）

（1）**病原** 该吸虫寄生于鲈鱼鳃上，为鳞盘虫属单殖吸虫（*Diplectanum sp.*）。

（2）**症状** 患病后鱼体呈暗色，浮于水面，鳃盖开张，活动加快。受害的鱼鳃颜色苍白，黏液增多，并有清晰可见的虫体，对受害鱼的治疗应在寄生早期，否则不易控制鱼病的发展。

（3）**治疗方法** ① 用0.25～0.30毫克/升敌百虫溶液每日施24小时，重复3天。② 用250毫克/升甲醛溶液在强烈充气下施治半小时，重复治疗3天。

4. 寄生甲壳类

甲壳类一般体型结构如虾蟹，寄生桡足类是鱼体最为有害的寄生虫。成熟雌虫通常附于鱼体上进行寄食。虫在交配之后，雌性成熟产卵，而雄性死亡。幼虫可自行游泳，进而危害其他鱼。

① 鱼虱属寄生虫（*Caligus sp.*）。该寄生虫对鲈鱼养殖造成困难，寄生于鳃、颊以及鳃盖腔，偶尔也寄生于皮肤和鳍上，严重感染时可造成鱼的大量死亡，对于小鲈鱼尤其如此。其病征为鱼体游动不安，与网摩擦，身体翻腹，鳍出血，体坏死。鱼虱可用0.25～0.30毫克/升敌百虫溶液进行长时间的治疗，可以控制住病情，治疗重复3天。

② 鲺（图6-2）属寄生虫（*Argulus sp.*）。这是一种蟹状寄生虫，可以寄生于许多种鱼体宿主，其治疗方法与治疗鱼虱属寄生虫病相同。

③ 人形鲺（图6-3）属寄生虫（*Lernanthropus sp.*）。常见寄生在鲈鱼鳃上，在养殖箱中特别多见。当这种寄生虫大量存在时，可以造成宿主贫血。此种寄生虫呈红色，常见于鱼鳃，其治疗方法与治疗鱼虱属寄生虫同。

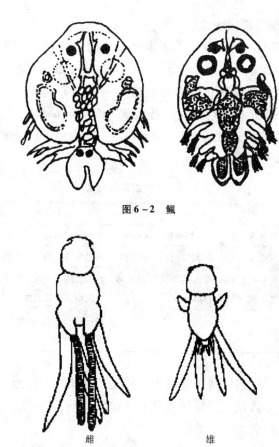

图 6-2 鲺

雌　　　　　　　　雄

图 6-3 人形鱼虱

④ 鳋属寄生虫（*Ergadilus* sp.）该寄生虫主要寄生在鱼体的鳃和鳍上，如果大量寄生于鱼鳃，便会影响鲈鱼呼吸。寄生虫以鱼血为食。治疗方法与鱼虱属寄生虫同。

5. 水蛭

水蛭为环节动物，寄生于许多动物以及鱼体上。水蛭可在水中自由游行，可用下列方法进行治疗：① 用人工去除水蛭并进行火化；② 用 0.25～0.30 毫克/升敌百虫，每日药浴 24 小时，重复 3 天。

（二）细菌性疾病

鲈鱼得细菌性疾病的比例很高。细菌仅为原虫或鱼细胞的 1/20。多数细菌对鱼类并不导致疾患，但由于细菌繁殖很快，如果在鱼体内快速繁殖，就会使鱼患病。泰国养殖的 4 种主要鲈鱼，其细菌病表现为烂鳃病、杆菌病（Colum neris）、链球菌病（Strepococcosis）和弧菌病（Vibriosis），其病因、病征和治疗见表 6-5。

表 6-5　4 种细菌性鱼病

疾病名称	病因	病症
烂鳃、鳍病	盐度突然变化，硬度跌落，黏液菌	背鳍和鳃腐烂
杆菌病	雨季和寒冷季节低盐，曲挠杆菌	体呈浅黄，鳍和鳃损伤
弧菌病	转移时受伤。藻溶性弧菌，副血溶性弧菌（V. anguillarum）	鱼鳞脱落、出血，皮肤及肌肉组织溃疡，肾脾出血
链球菌病和离群	链球属	游行倦乏，眼球突出，背鳍充血，脾肿大

细菌性烂鳃和杆菌病是由于机械损伤或相互咬尾致伤所引起的。这些都是外伤，但可导致全身细菌性疾病。因此，可以用下列洗浴法和口服法进行治疗。

① 高锰酸钾 10 毫克/升，每日洗浴 20 分钟，重复 3 天。

② 无味红霉素（Erythromycin ostelate）1 克/千克鱼体重口服 5 天，也可用。

③ 青霉素 3 000 国际单位/千克，肌肉注射 1 天。

（三）病毒性疾病

病毒是最小的病原体，通常为细菌的 1/20，它与寄生虫的存在方式不同，病毒能侵入细胞内，在细胞中繁殖，以此使细胞破坏或致病。细菌可用抗菌素控制，而病毒对药物无感受性。因此，对于病毒性疾病的控制完全靠预防和限制它的传播。

淋巴囊肿性疾病是一种属于虹彩病毒属（*iridovirus*）的病毒

引起的。淋巴囊肿病病毒是一种致肿瘤的病毒。当鱼的皮肤细胞受到感染后，会加速引起细胞分裂，但不会引起细胞质的分裂。被称作淋巴囊肿的巨细胞与小米粒状相似。这些团集一起的变形细胞构成鲈鱼皮肤和鱼鳍的肿瘤，其大小为 8～25 厘米。体长小于 10 厘米的小鲈鱼得此肿瘤后，可造成中等水平的死亡率，未死亡的鱼可以完全恢复而不留疤痕。通常在网箱里养殖的鲈鱼受感染率低于 5%。

　　这种病毒病经证明具有传染性，并通过水传播。因此，患有病毒性疾病的鱼，应尽可能与健康的鱼隔离。这种病毒性疾病与其他病毒病相似，用药物治疗起不了作用，没有什么价值。病毒性疾病在施用防疫注射的国家中，尽管其预防工作做得很好，但到目前还不具备防止淋巴囊肿病毒的商用疫苗。

第七章　暗纹东方鲀养殖技术

东方鲀隶属于鲀形目（Tetraodontiformes）、鲀科（Tetraodon-tidac）、东方鲀属（*Fugui*：*far east puffers*），俗称河鲀，又名气泡鱼、鸡抱鱼等，各地叫法不同，但称为河鲀较合适。它的颜色鲜明，内脏含有毒素，性贪食，食道构造独特，遇敌害时能吸入水中空气，使胸腹部膨大如气球，身上有毒素的棘状突起，浮在水面上以自卫。

河鲀鱼的毒性相当惊人，早在战国的《山海经》中就有"豚鱼食之杀人"的记载。在《本草纲目》中记有"河豚有大毒，味虽珍美、修治失法、食之杀人"，据分析一尾大型的紫色东方鲀所含的毒素，可致死 30 多人，河鲀毒素具有独特的药用价值，我国古医书《黄帝内经》就阐明治病要用"毒药"，没有"毒药"治不了病的说法，这就是我国古代所谓的以"毒"攻"毒"的治病道理。

药理研究表明，河鲀毒素能麻痹神经系统，药理作用是抑制了钠离子的渗透，阻断了神经传导，因而河鲀毒素又可作为研究神经兴奋机制的药物。利用河鲀毒素治疗癌症，在临床上已取得一定效果。国外也有用河鲀毒素制成癌症后期缓解疼痛的药物。可见河鲀虽毒，但确有广阔的药用前景。

河豚肉质细嫩、味道特别鲜美诱人，营养丰富，在我国、日本、韩国等民间将其奉为身价很高的食品，尽管每年都有人因食用河鲀不当中毒身亡，但是在我国扬州和日本许多人还是"拼死吃河豚"。

我国有东方鲀 16 种，常见种有红鳍东方鲀、条纹东方鲀、假睛东方鲀、暗纹东方鲀和紫色东方鲀等。

东方鲀是暖水性海洋底栖鱼类，我国海区都有分布，我国是东方鲀产量最大的国家，仅在长江扬州一个江段，20世纪70年代平均年捕获暗纹东方鲀近50吨，根据1988年资料显示，我国东方鲀年产量高达4万吨，占世界河鲀产量的70%，主要外销日本等国。

近年来，主要东方鲀品种的人工繁殖和苗种培育的成功，加速促进了我国东方鲀人工养殖的发展。产量、外销量不断增加，目前在我国从北到南的辽宁、河北、山东、福建、江苏、广东和海南等地，主要养殖的有红鳍东方鲀、暗纹东方鲀、假睛东方鲀等，其中以红鳍东方鲀价值为高，近年来养殖规模逐年扩大，已成为一种名贵的特种水产品，并成为较有发展前途的名特优养殖的新秀。

第一节　暗纹东方鲀的生物学特性

一、形态特征

身体椭圆形，前端钝圆，尾部狭小。口端位，横裂。眼小，侧上位。鼻孔1对，显著。背鳍靠后与臀鳍几乎相对。无腹鳍，尾鳍平截，侧线明显，每侧2条，分别在背腹侧、体背，腹面均披小刺。胸鳍上方及背鳍基部各有一块黑斑，臀鳍黄色。体呈棕褐色，体侧下方有一条边缘不规则的黄色纵带，腹面白色。体色随环境水质的变化有所变异。体上半部具0～5条不明显的暗褐色横纹。横纹随鱼体长大而消失。背胸及臀鳍均为黄色，尾鳍后端灰褐色。

二、生态习性

暗纹东方鲀（*Takifugu obscurus*），俗称河鲀，隶属于鲀形目、鲀科、东方鲀属，是一种名贵的特种水产养殖品种。栖息于水域中下层，为洄游性鱼类，遇敌害时，腹部会迅速膨胀，使身体呈球形，漂浮在水面，皮肤上竖起小刺，借以保护自己。幼鱼在江河或通江湖泊中育肥，然后入海，在海水中生长发育至性成熟后再进入淡水中产卵。

三、繁殖习性

繁殖力强，每年4—6月为繁殖旺季，成熟的卵巢为淡紫红色，左右侧卵巢大小不等，左大右小，卵粒充满卵黄，卵不透明，为沉性卵。亲鱼怀卵量为12万~30万粒。精巢大，乳白色，受精卵经6~7天孵化出仔鱼，从刚孵化出的仔鱼到卵黄囊吸收约6天的时间。

四、食性

为杂食性鱼类，食性广，幼鱼主要以浮游动物和小鱼苗为食。成鱼以鱼虾贝、昆虫幼虫、枝角类、桡足类等动物为食；其植物性食物包括高等植物的叶片、丝状藻类等。经驯养后，可摄食人工饲料。

第二节　暗纹东方鲀养殖实例

现把南京师范大学杨州同志开展暗纹东方鲀养殖技术要点及经济分析介绍如下。

暗纹东方鲀每年4—5月溯河进入长江或通江的湖泊中水草丰盛的地方产卵繁殖，幼鱼在淡水中肥育。由于对淡水有很好的适应性和巨大的市场需求，暗纹东方鲀已被培育成淡水养殖新品种，目前的养殖方式有池塘露天养殖和温室集约化养殖，或两者的结合。由于国内和国外广泛的市场需求，不管采用何种养殖方式，通常情况下其经济效益都显著高于其他常规名优鱼类，暗纹东方鲀正在成为最具发展潜力的养殖对象之一。

一、养殖环境的选择

我国地域辽阔，南北方气候差距甚大。暗纹东方鲀作为一种温水性鱼类，在纬度较高的地区冬季须加温方能越冬，而在纬度较低的地区在室外土池也可自然越冬。从宏观上讲，珠江流域开展暗纹东方鲀的养殖更加适宜，养殖成本也更低。另外，由于我国河鲀的食用消费尚未完全放开，只是在长江下游地区有传统的嗜食河鲀的习惯，是我国目前淡水河鲀消费的主要集散地。因此，上述两大区域开展暗纹东方鲀的养殖最具有竞争力。

微观上，养殖环境主要包括越冬温室和室外土池。温室面积为 300~500 平方米为宜，水深为 1.2~1.5 米，水温为 22~25℃；室外土池面积为 2 000~3 000 平方米，水深为 1.5~2.5 米。无论室内还是室外都需要增氧设备，使溶解氧保持在 6 毫克/升以上。养殖用水无污染，水质指标符合《渔业用水标准》。

二、苗种的放养

暗纹东方鲀的苗种来源于捕获野生亲鱼的人工繁殖，一般在 6—8 月从苗种生产单位采购，苗种的体长大致为 3~5 厘米。采用双层塑料袋充氧运输，包装密度由苗种个体大小和运输时间长短确定，一般每袋装 100 尾，运输时间以不超过 6 小时为宜。苗种入池前，应先用 1% 食盐水消毒 2 小时。然后放入预先消毒好的养殖池，水泥池的放养密度为 10~20 尾/米^2，室外土池为 1~2 尾/米^2。

三、饵料与投饵

暗纹东方鲀属偏肉食性的杂食性鱼类，对蛋白质的需求量较高。大规模人工养殖主要投喂配合饲料。在小杂鱼产量大的地区，采用投喂鲜活饵料也是比较可行的。根据不同季节，投饵次数可控制在 4 ~ 6 次，根据气候变化、鱼体大小及健康状况、摄食状况设定投饵量，一般为鱼体重量的 5% ~ 10% 。

四、防止同类相残

暗纹东方鲀具有同类相残的习性，特别是幼鱼阶段表现得尤为突出。严重的相残行为甚至能直接导致死亡，通常会导致被相残个体尾鳍的损坏，进而受到病菌感染而发生烂尾病。因此，防范相残行为的发生是暗纹东方鲀养殖中不可忽视的重要环节。发生相残主要是由于个体大小差异明显、饵料不足、溶解氧不均匀导致局部密度过高等原因诱发形成，预防相残，除了保证饵料充足外，还得使池水溶解氧丰富且均匀，特别关键的是培育水质使池水的透明度降低至 40 厘米左右，使河鲀不能轻易发现对方，减少相互追逐的机会，也能大大降低相残的发生。

五、注重疾病的防治

做好疾病防治工作是成功养殖暗纹东方鲀的技术关键。特别是温室水泥池养殖时，较大的养殖密度使鱼类产生紧张综合征，鱼体免疫力下降，容易暴发疾病，并常能造成大量死亡。常见的病害主要有寄生虫病和细菌性疾病，这些病一旦发生，便会迅速蔓延。目前虽然已具备有效的治疗方法，但还是会造成一定的损失，导致成活率下降，直接影响经济效益。因此，要做到有病早治，无病预防，及时换水，做好养殖各环节的消毒工作，定期在饵料中添加抗生素。

六、加强养殖管理

主要是做好水质调控，保持水质良好且稳定，池水透明度维持在 40 厘米左右。养殖过程中，每 2～3 个月要进行筛选稀疏一次。同时建立河鲀养殖档案，详细记录水温、水质、摄食状况以及鱼体活动情况。经过一年半的养殖，大多数个体都可达到 500～600 克重的商品鱼。

七、经济效益分析

根据 1995—2000 年的养殖情况及市场价格变动情况的总体统计为依据，以长江下游地区养殖 5 万尾的规模为例，通过 20 个月的养殖，达到尾均重为 500 克的商品鱼，成活率为 80%，来分析淡水养殖河鲀的经济效益（表 7-1）。

表 7-1　暗纹东方鲀经济效益分析

名称	项目	金额（万元）
投　入	苗种	20.0
	饵料	50.0
	渔药	5.0
	能耗	50.0
	其他物资	5.0
	工资	16.0
	销售及管理费用	15.0
	折旧费	5.0
	维修费	3.0
	其他	3.0
	合计	172.0
产出	商品鱼	480.0
盈利	净利润	308.0
投入产出比	1:2.79	
投资利润率/%	179.1	

通过上述的简要分析不难发现，规模化养殖暗纹东方鲀利润可观，经济效益相当显著。特别是利用闲置的养殖设施，将会进

一步降低养殖成本，盘活存量资产，为养殖企业提供了再一次发展的良好契机。若能在年均水温较高的珠江流域开展养殖，可大幅减少能耗的支出，直接导致养殖的利润大大增加。但在另一方面，暗纹东方鲀作为一种上佳的特种水产品，市场前景虽然看好，但不是没有风险。随着全社会养殖规模的扩大，供求关系格局的改变，养殖企业必由最初的极高利润向社会平均利润率转化。因化，必须在养殖河鲀的大批量出口方面寻求突破，发展高级形式的河鲀产业的综合利用，提高整体的综合生产与盈利能力，方能获得持续的发展。

第三节　暗纹东方鲀的病害防治

养殖暗纹东方鲀的病害常见于从鱼种苗的培育到成鱼的养殖过程，常因放养密度不当，饲养管理没有到位，水质的变化，或操作不当鱼体的机械损伤和水体的病原体感染等引起鱼类发病，常见的有细菌性病、寄生虫、病毒病以及营养缺乏等疾病，现把暗纹东方鲀常见病分述如下。

一、白口病

（1）**病原**　病原尚未完全查明，一般认为病原体是一种黏细菌，有的学者认为该病是病毒感染症。

（2）**症状**　病鱼首先是口部发黑，之后变成溃疡状白化，继而上下颚的齿槽露出，呈烂嘴，解剖内脏发现肝脏淤血伴有线状血痕，重症者有窜狂游行为。

（3）**危害及流行情况**　流行于高温季节，病鱼以1龄以下的鱼为主，可造成鱼群大量死亡，发病快，来势猛，为暗纹东方鲀养殖中最主要的疾病，危害性大。

（4）**防治方法**　主要以预防为主，用50%的二氯异氰尿酸钠，每立方米水体用量为0.12~0.20克，全池泼洒，15天1次。

或用8%溴氯海因粉，每立方米水体用量为0.375~0.5克，全池泼洒，15天1次。

二、水霉病

（1）**病原**　由真菌引起，主要由水霉和绵霉菌引起。

（2）**症状**　病鱼早期肉眼看不出异状，当肉眼看出时菌丝已侵入伤口，病鱼游动缓慢，食欲不振，最后因体弱，极度消瘦而死亡。

（3）**危害及流行情况**　主要发生在苗种放养和进出温室时，该病一年四季都可感染鱼体，在早春最易流行，主要是操作不当，鱼体机械损伤引起的。

（4）**防治方法**　① 操作时要小心避免鱼体损伤；② 在温室发现该病时要保持水温在27℃，恒温一星期；③ 加强管理，增强饲料营养，提高鱼的抗病能力。

三、烂鳃病

（1）**病原**　为柱状屈挠杆菌，也有人认为是黏球菌。

（2）**症状**　病鱼行为缓慢，反应迟钝，食欲减退，鱼体变黑，鳃上黏液增多，鳃丝肿胀，呼吸困难，鳃小片坏死脱落，鳃丝末端缺损。

（3）**危害及流行情况**　该病在水温15℃以上开始发病，一般流行于4—10月，高温季节时暴发流行，危害也较大。

（4）**防治方法**　① 8%溴氯海因一次量，每立方米水体0.2~0.3克全池泼洒，在流行季节15天一次。或用二氧化氯0.1毫克/升全池泼洒。② 结合内服药用盐酸土霉素，一次用量为每千克体重30~50毫克拌饲投喂，1天一次，连用3~5天。

四、烂尾病

（1）**病原**　为柱状屈挠杆菌。

（2）**症状** 病鱼发病初期，尾柄处发白充血，随着病情发展各鳍基部后面发白，严重时尾鳍及其他鳍烂掉，病鱼头向下，尾部向上，与水面垂直，时而作挣扎游动。

（3）**危害及流行情况** 在养殖密度高、病原菌较多时，均可暴发流行，会造成鱼苗、鱼种死亡，但成鱼的死亡率较低。

（4）**防治方法** 与烂鳃病相同。

五、肠炎病

（1）**病原** 为肠点状单胞菌。

（2）**症状** 病鱼发黑，食欲减退不摄食。解剖可见肠壁充血发炎，肠内黏液较多，呈紫黄色，肛门红肿。

（3）**危害及流行情况** 多发生在4—10月。

防治方法：内服药用大蒜2克/千克饲料，氟哌酸1克/千克饲料；外用药与烂鳃病相同。

六、车轮虫病

（1）**病原** 为车轮虫和小车轮虫属中的种类。

（2）**症状** 主要寄生在鳃和皮肤，大量产生时刺激鳃丝分泌黏液和上皮增生，呼吸困难，鳃上皮坏死。颜色异常。寄生在鱼体表，可使皮肤产生溃疡。

（3）**危害及流行情况** 该病四季流行，高峰期为夏秋，对苗种形成的危害很严重。

（4）**防治方法** 合理的养殖密度，及时清除病鱼，用硫酸铜和硫酸亚铁（5:2）合剂，每立方米水体用量为0.8~1.2克，全池泼洒一次。

七、鲀异吸沟虫病

（1）**病原** 异形吸虫属复殖吸虫。

（2）**症状** 病鱼体色变黑，游泳和摄食不正常，仅从外观还难以确诊，必要时对鳃进行观察和显微镜检查，以确诊此病。

（3）**危害及流行情况** 该病是暗纹东方鲀常见病，此病在金属网箱发病多，非暴发性。该病由单殖吸虫鲀异吸沟虫（*Heteto-bothrium tetriodonis*）寄生在鳃瓣、鳃腔内膜引起，成虫长约 1 厘米，肉眼可见。病鱼很少在短期内大量死亡，但每天均有少量死亡现象。

（4）**防治方法** 生产证实不用金属网箱养殖，防止此病效果较好，养殖海水需交换良好。

八、营养性疾病

此病易与其他病害混淆，主要原因是在饵料中缺乏某物质或用料单一所致，常见的有症状有以下两种。

1. 溃疡症

此病可见病鱼患黑变症后继发性疾病，鱼头背部出现白云状的圆斑，继而皮肤溃烂，剥离而死亡。此病多发于鱼体长 2 厘米之前。若在饲料中添加一些鱼肉等，症状会逐步消失。

2. 肌肉萎缩症

因长期投喂变质的饵料（尤其是变质的冰鲜鱼）会引起此病。

（1）**症状** 病鱼消瘦，背部肌肉异常，发黑，解剖可见肝脏黄褐色，肠道后部变为黑色，体侧肌肉凹陷、萎缩、坏死、纵裂、组织增生等。

（2）**病因** 主要是肠道吸收了变质腐败的脂肪，导致体内过氧化脂肪使维生素 E 缺乏，病情恶化。可投喂优质、营养全面的饲料和复合维生素防治，但难以根治，应以提前防治为主。

九、环境性疾病

1. 气泡病

（1）**症状** 病鱼鳍条均呈丝状白色，内有气泡，严重的失去平衡，侧卧或倒吊在水面，直至尾部到背鳍基部形成一个大气泡，病鱼死后浮于水面。

（2）**病因** 因单细胞藻类繁殖过多而引起溶氧量过高（饱和度达 200% 以上）。

（3）**危害及流行情况** 东方鲀在养殖过程中最易发生气泡病，特别在 6 厘米以前的鱼种。多发生在低温阴雨天气，突然升温转晴时。

（4）**防治方法** 养殖场所尽量控制过量光照，控制单胞藻过量繁殖。

2. 赤潮中毒

由于有毒藻类及夜光虫大量繁殖所致。大多是培苗期间从室内转到室外时，在育苗池中的轮虫因水质呈淡红色或粉红色，此时放入鱼苗加之静水培育，会造成几天内轮虫和鱼苗全部死亡。

3. 海葵棘毒病

（1）**病因** 因附着在金属网箱上的腔肠动物海葵棘胞毒素所致，引起病鱼的延髓神经细胞出现巨大的空泡，细胞坏死，导致中枢神经中毒。

（2）**症状** 最突出的是病鱼体发红、肿胀、烂鳍，狂游之后死亡。此病与白口病症状极相似，易混淆。

（3）**防治方法** 在网箱内放养少量的石鲷、斑石鲷等摄食附着生物，用生物防治的方法防治此病效果较好。

第八章 鲳鲹养殖技术

我国南方养殖的鲳鲹主要有卵形鲳鲹（*Trachinotus ouatus*）和布氏鲳鲹 [*Trachinotus blochii（Lacepede）*]。这两种鲳鲹皆属鲈形目、鲹科、鲳鲹亚科、鲳鲹属。但是这种两鲳鲹的外形相似。在中国的地方名为黄腊鲳、黄鲳鲹、金鲳、卵鲹、红三、红沙、红鲹等。台湾地区的布氏鲳鲹易被认为是大陆的卵形鲳鲹。

布氏鲳鲹俗称长鳍金鲳，是一种暖水性鱼类，生长在热带和亚热带海域，广泛分布于印度洋—太平洋海域，但在东海、南海和黄海海域也有分布。

卵形鲳鲹俗称短鳍金鲳，生长在热带和亚热带海域，分布于印度洋、印度尼西亚、澳洲、日本和美洲的热带大西洋沿岸。也分布于黄海、渤海、东海、南海，栖息于 5～20 米水深的沿岸或河口海域。

鲳鲹体高侧扁，肌肉丰满，体型优美，体色艳丽，侧面略呈菱形、吻钝圆而口小，肉质鲜美细嫩无刺；具有独特的清香味，历来被列为名贵食用鱼类、高档海鲜。在日本拥有"美味"的极高评价。深受养殖业者欢迎。台湾省林烈堂先生于 1986 年首次进行布氏鲳鲹人工养殖获得成功，于 1991 年确立了布氏鲳鲹全人工繁殖技术，据廖一久等 1994 年介绍，台湾布氏鲳鲹放养密度为 2～3 尾/米^2，投喂干颗粒饲料，经 7～12 个月的养殖后，个体长到 400～600 克。饵料系数为 1.6～2.0，产量达 10～15 吨/公顷。

广东、海南、福建于 1993 年开始从台湾购进布氏鲳鲹鱼苗开展海水网箱和池塘养殖，均取得显著的经济效益。目前布氏鲳鲹在南海沿岸大部分地区不能顺利越冬，因布氏鲳鲹对低温适应性较差，水温在14℃以下时难以存活，在海南能顺利越冬，但在粤东沿海养殖却难以越冬，遇到寒潮就会发生大批量死亡，造成严重的经济损失，因此，在我国南方沿海养殖布氏鲳鲹逐渐转变为养殖卵形鲳鲹，因它能够适应冬季低温，在水温为9~10℃的环境下仍然正常生存。

经多年的生产证实，在广东珠江三角洲咸淡水区域的珠海市已探索出一套卵形鲳鲹池塘规模化养殖技术，成为养殖效益较好的优良养殖品种之一。

第一节　卵形鲳鲹的生物学特性

一、形态特征

体呈卵圆形，高而侧扁，尾柄细短。背中央近弧形，吻钝，前端几呈截形，眼小前位。眼睑不发达。口小微倾斜，上下颌和腭骨、口盖骨均具绒毛状齿，背面绿青色，头部裸露无鳞片，体被小圆鳞，埋于皮上，腹部银白色，背鳍灰金黄色，鳍缘灰黑色，臀鳍金黄色，尾鳍灰黄色（图8-1）。

图8-1　卵形鲳鲹

二、生态习性

卵形鲳鲹属暖水性中上层洄游鱼类，2 月可见幼鱼在河口海湾栖息于近沿岸砂泥底质水域，或砂泥底质的内部，群聚性强，成鱼向外海深水移动，成群栖息于沿岸礁石水域，为肉食性鱼类，能适应冬季低温，在 9~10℃ 时能正常生存，最佳生长温度为 22~28℃，该鱼属于广盐性，适盐范围为 4~35，盐度在 18 以下生长迅速。在高盐度的海水中生活较差。适宜生活在弱碱性水质中，最适 pH 值为 7.5~8.2，卵形鲳鲹的耗氧量较高、要求溶氧量在 5 毫克/升以上，最适溶氧量为 6 毫克/升以上。在卵形鲳鲹养殖过程中，水体透明度要控制在 30~50 厘米。显然卵形鲳鲹最适合在咸淡水域中养殖。

三、食性

卵形鲳鲹为肉食性鱼类，但食性杂。初孵的幼仔鱼以摄食浮游生物的甲壳动物幼体为主，稚鱼及幼鱼阶段可逐步过渡到摄食鱼糜及小鱼虾，在人工驯化下，体长 2 厘米的幼鱼可摄食鱼虾片块和人工配合的软颗粒及干颗粒饲料，卵形鲳鲹的摄食强度与季节变化和水温有关，当水温为 22~30℃ 时，摄食旺盛。

四、生长

通常在自然海区孵化的卵形鲳鲹生长快，当年可达 1 000 克以上；在养殖条件下，一般当年的鱼苗到年底可达到 450~600克，从第二年起，每年约增重 1 000 克。成鱼个体在 1 500 克以后生长逐渐减慢。

五、繁殖习性

卵形鲳鲹属大洋性产卵鱼类，在台湾，人工繁殖每年 4—5 月开始，可持续到9月份。它的性成熟年龄普遍认为是4~5年。个体生殖力为40万~60万粒，受精卵为浮性、无色，卵粒较大，卵径为950~1 010微米，油球直径为220~240微米，有少量是多油球，在水温为26℃、盐度为28的条件下，胚胎经36~42小时的发育，孵化出仔鱼，天然海区孵化后的仔鱼成长到1.2~2.0厘米的稚鱼时，开始游向近岸，成长到13~15厘米体长的幼鱼时，已游向离岸海区。

第二节　布氏鲳鲹的生物学特性

一、形态特征

体呈卵圆形、高而侧扁，头小、高大于长，头背部中央的上枕骨嵴明显。口小吻钝，前端几呈截形，前上颌骨能伸缩，上颌骨后端伸达瞳孔前缘。头部裸露无鳞片，体被小圆鳞，多埋于皮下。臀鳍与第二背鳍同形。胸鳍较宽，尾鳍深叉形，尾柄短而侧扁。背部银灰色、腹部银白色，背鳍深灰浅红色。臀鳍灰浅红色、鳍端部灰黑色，尾鳍灰浅红色（图8-2）。

图8-2　布氏鲳鲹

二、生态习性

布氏鲳鲹是一种暖水性中上层洄游鱼类，每年春节后常栖息在河口海湾，群集性强，成熟时向外海深水移动。其适温范围为16～36℃，生长最适水温为22～28℃，该鱼耐低温能力差，每年12月下旬至翌年3月上旬为其越冬期。3个月不摄食，当水温下降至16℃以下时，布氏鲳鲹停止摄食，存活的最低临界温度为14℃，如有2天出现14℃以下时会出现死亡。该鱼属广盐性鱼类，适盐范围3～33，盐度20以下生长快速，在高盐度的海水中生长较差。该鱼抗病力强，最低临界溶氧量为2.5毫克/升。

三、食性

布氏鲳鲹为肉食性鱼类，初孵出的仔稚鱼摄食各种浮游生物和底栖动物，以桡足类幼体为主；稚幼鱼摄食水蚤、小型双壳类和端足类，幼成鱼以双壳类、软体动物、蟹类幼体和小虾、鱼等为食。在人工饲养下体长在2厘米的幼鱼能取食搅碎的鱼虾糜，幼成鱼喂以鱼虾肉块或人工配合的软颗粒饲料以及专用的干颗粒饲料，用人工配合饲料可在早晨或黄昏进行投喂，当水温为16～18℃时摄食量减少。16℃以下完全不摄食，在水温22℃时摄食旺盛，生长也快速。

四、生长

1993年福建、海南、广东从台湾购进布氏鲳鲹鱼苗进行海水网箱和池塘养殖。在广东省东莞市盐度低限为6的咸淡水池塘里，10～12厘米的布氏鲳鲹种苗经240天单养，个体重达400～500克，平均单产6.3吨/公顷。海南三亚1991年进行海水网箱养殖试验，养殖1年成活率达85.55%，个体平均体重为598.43克。平均产量为11.28千克/米^3。深圳市2002年在海水池塘中放养 2.5 厘米的鱼苗，经 4 个月的养殖，成鱼平均全长为 28.6 厘米，体重为 450 克，产量达 13.5 吨/公顷。布氏鲳鲹在海南省是海水养殖的优良品种之一。

五、繁殖习性

布氏鲳鲹是一种暖水性鱼类，耐低温能力差，我国海南省养殖布氏鲳鲹，具有独特的自然环境条件，人工繁殖每年 3 月下旬开始，一直持续到 10 月，该鱼性成熟为 3 ~ 4 龄鱼，部分亲鱼可进行催产，孵化出正常苗。5 龄以上的亲鱼性腺可达完全成熟。体长可达 60 厘米，体重 4 000 克。在天然海区孵化出的仔稚鱼 1.5 ~ 2.0 厘米后开始游向近岸，成长到 13 厘米以上的幼鱼又离岸游向外海区域。

卵形鲳鲹和布氏鲳鲹是人们喜食的名贵海鲜，香港、澳门和广东的海鲜酒店和居家百姓，都以清蒸为主要烹调方式，具有香味扑鼻、老少咸宜的特色，这两种鱼之所以能成为高档海鲜，因它们的色彩具有诱惑力，成为喜庆时必备的宴席佳肴。自 20 世纪 90 年代我国内地引进这两种优良品种进行养殖起，已逐步以养殖卵形鲳鲹为主，而布氏鲳鲹对低温适应能力差，水温在 14℃ 以下难以存活，所以在广东和福建难以自然越冬，这两种鱼苗在外观上非常相似，因此在养殖生产时，应加强对苗种的辨别区分，防止由冻害而造成损失。

我国南方沿海养殖布氏鲳鲹已逐步转变为养殖能抗低温的卵形鲳鲹，所以我们对卵形鲳鲹的养殖技术作较详细的介绍，但有些养殖工艺也适用于布氏鲳鲹。

第三节　鲳鲹的种苗培育

一、室内水泥池培育

1. 培育条件

培育池容积 20 ~ 60 立方米，育苗用水必须经过沉淀与砂滤，入池要经 250 目筛绢网滤，其水质盐度为 27 ~ 33（最适盐度为 29 ~ 30），水温为 20 ~ 26℃，pH 值以 8.2 ~ 8.4 为宜，溶解氧在 5 毫克/升以上，仔鱼孵化出来后，即加入小球藻液，浓度保持在 40 万 ~ 50 万个/毫升，使水色呈浅绿色，在投喂卤虫无节幼体时，光照强度控制 1 000 ~ 3 000 勒克斯。仔鱼培育密度为 5 万 ~ 10 万尾/米³。

2. 饵料投喂

初孵化仔鱼 2 天左右即投喂生物饵料，生物饵料投喂根据仔、稚鱼不同发育阶段对饵料的营养及适口性的要求，要采用不同的饵料品种配合投喂。投喂褶皱臂尾轮虫，使轮虫密度保持在 5 ~ 10 个/毫升，并保持在下次投饵前池中残饵为 0.5 ~ 2.0 个/毫升；自 13 ~ 16 日龄起开始投喂卤虫无节幼体。为增加仔稚鱼生长所需的高度不饱和脂肪酸（HUFA），对生物饵料进行营养强化措施；轮虫在投喂前经小球藻及乳化鱼油强化 8 小时以上；卤虫无节幼体在使用前也经乳化鱼油强化 8 小时以上；条件许可，投喂桡足类和卤虫的前期，密度保持在 0.2 ~ 0.5 个/毫升，后期可加大投喂量，使之密度增至 1.0 ~ 1.5 个/毫升。在 26 ~ 28 日龄开始投喂鱼糜，前期每天 1 ~ 2 次，后期可增加投喂，每天 4 ~ 5 次。上述几种饵料在投喂时间衔接上各有 3 ~ 5 天的重叠交叉时间，逐渐过渡，每天在育苗水体中添加小球藻 50 万 ~ 100 万个/毫升。保持水体环境的稳定。

3. 种苗培育

卵形鲳鲹初孵化鱼全长为 2.6 ~ 2.8 毫米，出膜后第 2 天，背部黑色素迅速增加，仔鱼在水中呈黑色，出膜后第 3 天仔鱼开口摄食轮虫。5 日龄仔鱼白天都在池角部集群，5 ~ 12 日龄仔鱼摄食轮虫行为活跃。第 13 日龄仔鱼体长 6 ~ 8 毫米，开始投喂卤虫无节幼体，仔鱼的生长速度加快，第 20 日龄体长达 8 ~ 12 毫米，体色仍为黑色。此时期的仔鱼喜欢集群，密度极高，甚至出现少数仔鱼被顶跳出水面，这种聚群现象积极，并不为光线影响，夜间也如此。随后几天，仔鱼即出现卵形鲳鲹所特有的变色现象，白天饱食后，遇光体色即变为白色，特别背部的颜色变的最明显、快速，遇到惊吓或用抄网捞起，仔鱼体色又即变回黑色。这一特性约维持到第40日龄，体长25毫米，第28日龄时能摄食鱼糜，仔鱼能远距离快速扑向食物，此时仔鱼局部集群现象消失，代之以无序快速游泳，速度极快，并不论日夜地不停运动。到后期仔鱼体长为20～30毫米，这一行为逐渐消失，代之以集体沿池壁环绕快速地游动，游泳速度快（平均达50～60厘米/秒）。且日夜不停，这在鱼类中尚属罕见。第45日龄全长已达到25～30毫米。

在卵形鲳鲹的种苗生产中要特别引起注意的是，有两个死亡高峰。第一个死亡高峰是在孵化出膜后第3～7日龄，即开口摄食后最初几天，仔鱼数量缓慢下降，但这一下降幅度不会超过20%。第二个死亡高峰在15～20日龄，即投喂卤虫无节幼体后并进行高度不饱和脂肪酸的强化，效果仍不理想，死亡率高达50%～70%，生产证实，在这个阶段若投喂桡足类等饵料，死亡率可大大降低。可见种苗生产中饵料营养关系密切。

4. 日常管理

在种苗生产中，水质的管理极为重要，在投放仔鱼时，育苗水体进水一般为总水体的60%～70%，当仔鱼第3天开口后就要逐渐加水，至6日龄后开始换水，吸污，以后则每天换水一次，换水量仔鱼期为10%～20%，稚鱼期为30%～60%，幼鱼期为100%～200%；稚鱼期每2～3天吸污一次，投鱼糜后每天吸污1～2次，可换水或结合流水培育，育苗前期微充气，随着仔鱼的生长逐渐加大充气量，做好水质监测，注意观察鱼苗活动情况，做好记录。

二、池塘培育

1. 池塘准备

选择盐度比较稳定，排灌方便、面积3~5亩、水深1.5米左右、池堤坚实牢固、不渗漏的池塘，池塘有增氧设备。

（1）**清塘消毒**　用生石灰、茶籽饼等药物彻底清塘毒死野生鱼虾等敌害生物。

（2）**进水肥水、繁殖基础饵料生物**　清塘后用60~80目筛绢网过滤进水，施肥用发酵的有机肥或氮肥，经3~5天后使浮游植物单胞藻大量繁殖，可接种轮虫和桡足类等浮游动物，一般7~10天后可放鱼苗，在仔鱼下塘前3~5天，每亩撒黄豆粉1~2千克/天以培育水中繁殖的浮游生物等基础饵料，为仔鱼开口摄食准备充足的适口饵料。

2. 仔鱼下塘

仔鱼下塘应在进水后7~10天内进行。经室内培育7天左右的仔鱼，其放养密度每亩5万尾左右，在原池孵化的仔鱼放养密度要高得多，一般每亩放15万~30万尾。初期可投喂黄豆粉及鳗鱼饵料，7~10天后投喂枝角类、桡足类，当仔鱼体长达0.8厘米以上时，可投喂鱼肉糜、淡水枝角类等。

3. 日常管理

种苗培育期间要抓好水质管理：根据池塘的水色变化情况掌握是否换水，在仔鱼下塘1周内不换水，每天仅添加少量水，1周后适当换水，每天换水量15%~20%。投喂鱼虾肉糜后每天换水量增加到30%~40%。透明度控制在40~50厘米，可适量换水；若水色清，应增加换水量，再泼洒豆浆2~3次，按池塘水面积每次黄豆用量0.15~0.30克/米^2。

饵料投喂量应根据仔稚鱼的数量、摄食情况及体长的大小和池塘基础饵料生物等进行合理调整。一般放苗后的前10天投喂牡蛎肉 1.50 ~ 2.25 克/米^3，10 天之后按 2.5 ~ 4.5 克/米^3 投喂鱼糜，分 2 ~ 3 次投喂。每天早、中、晚巡塘，观察水色，定期检测水质和透明度。观察鱼苗生长、活动、摄食等情况，以便安排次日的投饵、换水和防病工作，一般经 30 ~ 40 天的科学培育，大部分鱼苗可达到 2.5 厘米左右的规格，即可出池养成。

第四节　卵形鲳鲹成鱼的养殖技术

卵形鲳鲹养殖的主要方式有鱼塭养殖、池塘养殖、网箱养殖、沉箱养殖和混养等，这里主要介绍池塘养殖、网箱养殖和混养 3 种。

一、池塘养殖

1. 池塘条件

养殖场选址应考虑水源、水质及交通条件，要求海水水质澄清，周围无工农业生产废水、农药有害物质及生活污水，交通方便，有电力供应，养殖面积 5 ~ 15 亩，水深 1.5 ~ 2.0 米，配备有增氧机，盐度变幅 15 ~ 35，pH 值为 7.5 ~ 8.5，水温为 18 ~ 33℃，透明度为 20 ~ 40 厘米，最佳位置为咸淡水水域。位置较高、灌潮（进水）能力差的池塘，须配置水泵实行机械提水。

2. 放养前池塘的清塘消毒等准备工作

放养前池塘要进行科学处理，一般用生石灰、茶粕、漂白粉，二氯异氰尿酸钠等杀灭病原体，进行彻底清塘排污，清塘消毒后，在进水口用 80 目以上的筛绢装好闸门后纳水。纳水数天后每亩施复合肥 5 千克和光合细菌 2.5 ~ 5.0 千克，以后光合细菌按此用量每隔 10 ~ 15 天施用一次。

3. 鱼种培育

施肥 7 ~ 10 天后，水色渐浓，池塘已有相当的浮游生物繁殖，即可把鱼苗放入设置在池塘中的网箱或围网内进行中间培育，中间培育可分为两个阶段进行。

（1）**第一阶段**　将体长 2.5 ~ 3.0 厘米的鱼苗养到 5 厘米，培育的密度为 500 ~ 600 尾/米²，此间不投饵或少量投鱼肉糜，并以饵料生物水蚤等为食，如天然饵料不足，则应从其他塘中捞取浮游动物补充投喂。7 ~ 10 天后，将鱼苗过筛，选取体长 5 厘米以上的鱼苗移往另一围网进行第二阶段的培育，放养密度为 100 ~ 300 尾/米²。体长未达到要求的种苗，留在原网箱内继续喂养至 5 厘米规格为止。

（2）**第二阶段**　对疏养后的种苗要进行食物驯化，即把原投喂鱼糜或鱼肉块的种苗经过驯化，过渡改用人工配合饲料投喂，每天投喂人工配合饲料 3 ~ 5 次，投喂量要依据天气、水温、水质及鱼苗摄食的具体情况而定。投饵要做到定时、定位，每次投喂以被摄食完为宜。第二阶段经过 7 ~ 10 天的驯养，鱼苗已长至 7 ~ 8 厘米，即可移出网箱或拆除围网直接放入池塘内饲养，养成期放养密度为每亩 1 000 ~ 1 500 尾。

4. 饲料投喂与管理

鱼种放养后，按照成鱼池塘养殖常规的养殖技术进行养殖。在养殖的前期日投饵 3 次，投饵量 5% ~ 10%。后期日投饵 2 次，投饵量 3% ~ 5%，饲料日投喂量为鱼体重的 3% ~ 7%。卵形鲳鲹耗氧率大，再加上高密度养殖，投喂配合饲料量也随鱼体的增长而增加，易污染水质，要适时换水和开动增氧机，保持池塘的溶氧量在 5 毫克/升以上的水平。养殖前期换水量无需过多，但到养殖后期，则应勤换水和开动增氧机，每隔 5 ~ 7 天换水 1 次，每次换水量 30% ~ 50%，具体应根据天气、水温、水色及水质情况而定。做好疾病防治工作。定期消毒和施放光合细菌等微生物制剂，维持清洁的水质环境，减少疾病的发生，饲养期间用二氧化氯消毒池塘，用量每亩 0.2 千克。每隔 15 天消毒 1 次，消毒 3 天后，每亩施放光合细菌 4 千克。

二、网箱养殖

1. 网箱养殖海区的选择

应选择在风浪小的内湾、浅海，地势平坦、水流畅通、水体交换充分、环境稳定，水质符合渔业一类水质标准，无污染的近海区，还要考虑饵料和苗种来源方便，供电、交通条件较好等多种因素，要求盐度为 12~35，水温为 18~32℃，pH 值为 7.5~8.6，透明度为 8~15 米，溶解氧在 5 毫克/升以上，底质以泥沙或沙质。水深在退潮时要保持网箱底离水底 1~2 米，以防箱底磨破而造成逃鱼。

2. 网箱规格及网目大小

卵形鲳鲹养成的网箱规格目前一般用 3 米×3 米×4 米或 4 米×4 米×4 米的网箱，随着深海网箱的普及应用，生产证明卵形鲳鲹也适应此类网箱养殖，网衣是采用无结节网片缝合而成，网箱下方用镀锌水管弯成正方形，使网下沉并张开良好，网箱深度一般为 2~5 米，高为 2~3 米。

网目大小以鱼的规格而定、在不引起逃鱼为前提下，网目可适当放大，可节省网衣材料，降低网箱成本，提高水交换能力。

浮动式网箱是借助浮架的浮力，使网箱浮于水的上层，网箱随着潮水的涨落而浮动，而保证养鱼水体不变，这种网箱移动方便，其形状多为方形，也有圆形。

目前，我国南方多用改进型组合式浮动网箱，每组有网箱 20 个左右，这种网箱把浮架和走道合成一体，用铰链把所有的走道连成一可浮动的筏，然后将网衣拴在浮动走道间所连成的网箱孔的钩环上，多个网箱相连构成养鱼排，上设有小木屋，作为管理人员居住、看守、管理网箱的操作室和饵料贮存配制车间和简易水质控制和病害防治工作室等。

将装好的渔排，用铁锚、缆索固定在海面上。

3. 种苗放养

人工苗种的规格全长为 2 ~ 5 厘米，鱼体健康、肤色正常，完整无损、活力强壮，放养前必须用 0.001 5 的福尔马林溶液浸浴 5 分钟消毒后，可以直接放入浮动式网箱，经过一段中间培育后，再分苗进行养成，种苗小时放养密度可以高些，随着鱼的生长应按个体大小分苗，并降低放养密度，至养成出箱时保持 1 000 ~ 1 500 尾/箱即可。

4. 饲料投喂

卵形鲳鲹作为咸淡水域养殖的名优品种之一，人工配合饲料完全可以满足它们生长的营养需求。因此，在当今近海渔业资源日趋衰弱并受到严重的破坏，鲜杂鱼来源不稳定，价格不断上涨，选择用人工配合饲料养殖越来越显示出它的优越性。目前卵形鲳鲹的成鱼养殖绝大部分是使用人工配合饲料，卵形鲳鲹摄食配合饲料非常凶猛，这与它终日在池塘中狂游的习性有关，一般每天投喂 2 次，上、下午各 1 次。美国大豆协会在海南采用小体积（8 立方米）高密度网箱膨化饲料对布氏鲳鲹，在近海网箱对从种苗到准上市规格的生长进行评估；2 000 尾种苗分 3 箱，在 250 尾/米^3 的密度下，第一个月每天投喂 3 次，1 个月后每天 2 次，日投饵量为鱼体重的 15% 以上，在 144 天的饲养期内，体重由 5 克增长到 208 克，饵料系数为 1.92，平均成活率为 65.8%，净收入为 3 754 元/箱，投资回报率为 62%。投喂饲料在高温季节，避免卵形鲳鲹暴食引起肠胃发炎等病。应在饲料中添加维生素 C 和维生素 E 增强抗病力和免疫力，也可增加有益微生物活菌，来调整鱼肠道微生态环境，加强肠道吸收，促进健康生长。

5. 日常管理

包括每天巡视检查鱼的活动情况，观察检测水质、换网清洗网衣等。

三、混养模式

该模式主要是利用鱼塭把原来传统的鱼塭靠自然进水纳苗的生态养殖,进行改革创新,采用多品种混养模式;卵形鲳鲹可与金钱鱼、黄斑蓝子鱼(泥猛)、鲻鱼、斑节对虾、青蟹等混养,只要是适合咸淡水水域养殖的品种,除凶猛肉食性大型鱼类以外都可以放养,在混养过程中要掌握以下养殖技术。

1. 池塘条件

鱼塭的特点是面积较大,在100亩以上,池水深浅不一,有深有浅,大多为0.5~1.0米,有进、排水闸门,要求水浅的位置不能低于80厘米,池底要求平整无沟,如果面积过大,可以用网隔开成若干个小(网)池。有些养殖品种需要过冬的,可以在向北的池塘处按需求挖深至2.5~3.0米,并从池塘边上盖上挡风的塑料棚挡风保温。在生产中依靠天然水域的生产力达到生态平衡。养殖水体环境好,生物多样性丰富,细菌病少。利用大面积进行多品种生态养殖,提高经济效益,利用天然鱼塭进行改造,采取卵形鲳鲹的多品种养殖,利用不同品种的合理搭配,使饲料得到充分利用,减少残饵对池塘的污染,可以改变养殖品种单一和养殖水污染的生态治理等问题。

2. 放养前的准备工作

(1)**清塘消毒** 把鱼塭水排干→封闸晒池→整塘(翻土或填土铺沙)、修池塘→消毒(浸泡池塘撒生石灰、茶粕、漂白粉等)→安装闸门→进水,这个生产养殖技术各个环节要紧密衔接,不得马虎,在整个养殖周期着重抓好鱼塭整治。

底质的去污、暴晒、耙平翻耕与消毒一定要认真、细致,"养水宜先养土",要认真做到:① 在清塘排水时,要伴随冲洗去除池底污泥,甚至在干底后移去上层污水;② 修堤坝,堵塞漏洞,把池塘边的甲壳类动物、野生螃蟹、藤壶、野杂鱼等以及海蟑螂清除；③ 清淤要彻底，每亩用生石灰 100 千克浸泡冲洗；④ 塘土翻耕多次，促进氧化；⑤ 消毒后进水加入有益微生物制剂，促进有机物分解，去除有毒物质。

（2）**进水、肥水，稳定水色**　虾塘在整治消毒后，用 60 目筛绢封好闸门，引水进塘进行肥水繁殖池塘的基础饵料生物，特别是单胞藻，在肥水时不要使用单一肥料，要结合池水水质的营养具体而定，鱼塭肥水大多用茶籽，每亩用 20 千克左右，也可用农用化肥尿素 5～6 克/米^3，过磷酸钙 2 克/米^3，在肥水的同时可用乳酸杆菌、光合细菌、酵母菌等有益微生物，一般用化肥复合肥，使池水为绿色。肥水的作用是造就池塘稳定的小环境。快速繁殖饵料生物，发挥优势藻种的抑菌作用，使水质长期保持最佳状态，为放养的卵形鲳鲹的多品种养殖做好准备。

3. 养殖品种的放养与饲料的投喂

在鱼塭进行多品种的养殖要做好计划，要对各养殖种类的习性有所了解，混养能适应咸淡水域的优良品种，这些品种是鲻鱼、青蟹、斑节对虾、卵形鲳鲹，依据这些品种的特性进行混养。肥好水后，开始放养体长在 3～5 厘米的鲻鱼每亩 300 尾，在养殖鲻鱼的前期一定要肥好水和补充好肥料，由于密度不高，可以不投饲料。

青蟹的放养比较复杂一些，要在池塘的一个角落上围一个网塘，并吊蚝壳等可以遮蔽的物体，供青蟹脱壳，避免相互残杀，青蟹放养密度为 500 只/亩，放养规格 20 只/千克。开始投喂鱼糜，一星期后放入大塘，投入小白蚬（蓝蛤）或人工饲料喂养。然后在池塘围一个网塘放养斑节对虾，放养密度为 6 000～10 000 尾/亩，规格为黑壳，苗体长在 1.2 厘米以上。初放时可投喂鱼糜等动物性营养饲料。喂养 10 天后放入大塘，可摄食天然生物饵料和人工配合饲料。

上述混养的品种已入塘后，就要进行卵形鲳鲹的养殖。在池塘的一个角落，同样围一个网塘，并搭上饲料台，放养体长为

4~6厘米的卵形鲳鲹，放养密度为1 500尾/亩，把鱼种慢慢放入池塘，或直接用装鱼种的胶袋放入池塘，待袋中温度与池塘水温大致相差不大时，打开袋把鱼苗放入池塘。此时可直接投喂人工配合饲料进行驯化，与精养池塘是有所不同的；混养时基础饵料生物大多已被对虾和青蟹及鲻鱼大量摄食，所以卵形鲳鲹下塘后已没有多少生物饵料供摄食，就要投喂饲料及时补充营养，提供生长的需要。多品种混养过程中要适当补充一些鲜活的白蚬、小杂鱼虾等供青蟹和对虾食用。在鱼塭混养时投喂饲料也要做到定时、定量投喂，因为鱼塭具有面积大的特点，放养时在鱼塭内要围几个小范围的网池，在每个网池内要搭建一个饵料台驯化投饵。在每次投喂饲料时，每个饵料台可采取不同的方式进行刺激投喂，如有的以泼水时投喂，有的用敲打或吹笛子，有的可用放音乐等驯化形式投喂，各网池不同，这样投喂时给鱼建立了条件反射，减少鱼塭投饵的工作量，各网池可根据实际情况在每次投喂前启动所用的驯化信号，以呼唤卵形鲳鲹前来摄食，既可省时也可集中投喂，提高饲料的利用率。

4. 水质管理

以往鱼塭养殖户在鱼塭养殖期间是不用药的，认为施药不合算，也不去管，让其自由，其实这是不对的，所以产量跟不上。特别对鱼塭进行了改造和多品种的混养，应定期泼洒生石灰等改善养殖环境，既经济又实惠，投放生石灰不但可以调节水质、改善底质，并能有效抑制病菌的繁殖，减少病害的发生，还可以作为虾蟹补充钙的来源之一。

在暴雨时要尽快排出上层水，在高温季节换水时以潮水换水，有条件时可用抽水泵进行灌水。保持良好的水环境。

5. 日常管理

日常管理的主要内容包括：① 坚持每天早晚巡塘；② 定期用生石灰或漂白粉消毒；③ 做好水质检测，认真记录，观察水色；④ 做好病害防治，因为混养病害的发生是综合的因素，要预防为主，防治结合，减少疾病的发生，在鱼塭养殖期间最好每隔 15 天用二氧化氯消毒，并定期施肥以补充基础饵料生物。

6. 收获

鱼塭混养一般养殖 100 多天就可以陆续收获，混养常用的收获方法是：对虾的收获是使用蛇形网笼进行装笼，可以把收获到的虾蟹上市出售。第一造虾可在 3 月下旬至 4 月初养殖到收获上市，价格较理想。卵形鲳鲹在 3—4 月可以进行撒网收鱼上市。

收获 3 天后适当排干池塘水，把剩下的卵形鲳鲹、青蟹和对虾全部收获，这时也可以进行鲻鱼的收获，并准备进行第二造养殖。

第五节　鲳鲹鱼类常见病害防治

总体来说，卵形鲳鲹在土池养殖的病害比较少，危害大的主要是寄生虫的病害，现把卵形鲳鲹养殖中常见病分述如下。

一、水霉病

（1）病原　为水霉科中的水霉、腐霉、绵霉等所引起的一种真菌性鱼病。

（2）症状　病鱼体表受伤、伤口感染水霉后，附着一团团灰白色棉絮状物。鱼体十分虚弱无力、漂浮水面、终至死亡。卵形鲳鲹鱼卵、鱼苗和成鱼均可感染此病。鱼卵感染了水霉，像个白毛球，随水漂浮或沉积水底。水霉病是池塘养殖常见危害较大的鱼病。

（3）危害及流行情况　该病的流行季节在冬春季，水霉菌生长适温为 15~20℃，被感染的病鱼其体表的任何部位均可长出灰白色棉花状的菌丝体，病鱼游动失常，消瘦死亡。每年早春对越冬鱼及进行人工繁殖，遇低温阴雨，对鱼卵危害大，能造成大批死亡。

（4）**防治方法**　① 注意防伤防冻；② 要彻底清塘消毒；③ 在拉网操作、运输等作业，要避免鱼体受伤；④ 用 2% ~ 4% 食盐水浸浴病鱼 15 ~ 30 分钟或用食盐和小苏打混合剂 1 : 1 全池泼洒。使水体浓度达到 800 毫克/升。

二、车轮虫病

（1）**病原**　属于环毛目，壶形科，车轮虫属。

（2）**症状**　病鱼严重时鱼体发黑，体表及鳃组织大量分泌黏液，病鱼游动缓慢，在池边直至死亡。

（3）**危害及流行情况**　流行广、危害较严重，每年 5—8 月为多发期，主要危害鱼苗和鱼种，是池塘养殖传染性强度大的严重鱼病之一。一般在苗放养后 20 天左右，水温在 20 ~ 30℃ 时，被感染的鱼苗会大量分泌黏液，出现"白头白嘴"现象，容易误判为水霉病。因此应通过镜检来确定。

（4）**防治方法**　① 清塘消毒，消灭病原体；② 用 5 : 2 的硫酸铜和硫酸亚铁螯合物全池泼洒并启动增氧机使池水药液浓度为 0.7 毫克/升。

三、小瓜虫病（白点病）

（1）**病原**　属凹口科，小瓜虫属的刺激隐核虫病。

（2）**症状**　病鱼体表覆盖一层白色黏液，形成表皮细胞，产生浮肿，组织坏死形成白色突出的小囊泡，病鱼食欲不振，体表发炎溃烂有白点，并分泌大量黏液，严重时病鱼游动无力而死亡。

（3）**危害及流行情况**　每年 7—10 月，水温低于 25℃ 时是该病发生的高峰期，在珠海市咸淡水区域，发病高峰期在 4—6 月。

该病一旦发生，传染快，死亡率高，很难治愈。因此应定期检测，早发现早治疗。

（4）**防治方法** ① 彻底清塘消毒杀灭病原的胞囊体；② 放养密度要合理，不能过密；③ 定期泼洒杀菌制，保证水体清洁，溶氧充足；④ 投喂优质高效饲料，定期补充维生素 E 和维生素 C，增强免疫力和抗病力；⑤ 在操作拉网时要小心，避免损伤鱼体。有条件的池塘要常添加淡水，抑制虫体生长，如果沿海缺乏淡水，要做好药物的防治。

四、指环虫病

（1）**病原** 由鳃片指环虫寄生引起。

（2）**症状** 病鱼发病时被指环虫寄生感染，指环虫用锚钩和小钩破坏表皮细胞，刺激分泌大量黏液，引起鳃部充血、浮肿、鳃片呈灰白色，鳃盖张开，严重影响鱼的呼吸。病鱼不吃食，常在水面缓慢游动，直至死亡。

（3）**危害及流行情况** 指环虫是常见的多发性鳃病，该病流行于春末夏初，适宜水温为 $20 \sim 25℃$，在越冬池也常发生，主要以虫卵和幼虫传播，如果不及时处理会引起鱼的大量死亡。

（4）**防治方法** 采用高锰酸钾溶液浸浴治疗，浓度为 30 克/米^3，对鱼体浸浴 30 分钟。

成鱼阶段可采用 $0.2 \sim 0.5$ 毫克/升的敌百虫全池泼洒，连续 $3 \sim 5$ 天，可以杀灭指环虫。也可用 20 毫克/升的盐酸奎宁溶液浸洗病鱼。

五、瓣体虫病

（1）**病原** 由瓣体虫寄生引起，主要为斑瓣体虫。瓣体虫以纵二分裂法繁殖，非常迅速。

（2）**症状** 病鱼被虫体感染后，主要寄生在鱼鳃及皮肤上，病鱼分泌大量黏液，鳃部呈灰白色，粘有泥样污物，导致口和鳃盖闭合困难，呼吸困难，常浮于水面，体表形成不规则白斑，故又叫白斑病。寄生虫使病鱼体发痒难忍，向池边乱擦造成身体溃疡而死亡，网箱养殖时可见鱼体在箱边擦滚后直接沉到网箱底部死亡。

（3）危害及流行情况　每年 5—8 月为流行高峰，水温为20～27℃时，主要危害 10 厘米以下的苗种，尤其是晚春初夏入箱的 5 厘米以下的鱼苗，该病蔓延迅速，死亡率高，严重时在 2～3 天内全部死亡，一旦治疗不及时，就会造成很大损失。所以要提前做好防治工作。一般很少发生疾病。可取病鱼的鳃片，做成水浸片镜检观察确诊。

（4）防治方法　预防。① 随着水温的上升和幼鱼的生长要做好及时分箱，降低养殖密度；② 疾病流行季节，要定期用高锰酸钾等在网箱中挂袋消毒、杀虫。

治疗。① 用淡水加 20 毫克/升抗菌素浸浴病鱼 2～4 分钟。可杀死95％以上的虫体，少量隐藏在鱼体分泌黏液的瓣体虫，隔日重复一次可基本治愈；② 用浓度为 200～250 毫克/升福尔马林海水增氧浸洗 10～20 分钟效果显著。

六、皮肤溃疡病

（1）病原　主要由副溶血弧菌和假单孢杆菌等弧菌属引起。

（2）症状　病鱼空胃，肠道内有黄色黏液，肝、脾、肾等明显充血、肿大。鱼体皮肤溃疡、鳞片脱落，鱼体呈现斑块，尾部、鳍条、身体出现斑点，有的病鱼吻端、鳍条烂掉，眼内出血，肛门充血红肿，有黄色黏液流出。

（3）危害及流行情况　该病在苗种培育和养成中均有发生，以冬季最为严重。

（4）防治方法　① 经常采用漂白粉消毒、调控水质，保持清洁良好的水质环境；抑制、杀灭病原体；② 高温季节在饲料中要添加大蒜素、维生素 C 和维生素 E，提高鱼类的免疫力和抗病力；③ 对病鱼采用 0.01% 高锰酸钾消毒患处，再涂抹四环素软膏。

七、烂鳃病

（1）**病原**　由多种弧菌引起，危害鲴鲹的有哈维氏弧菌等。

（2）**症状**　鲴鲹鱼被感染后会引起体表银白色的小鳞片脱落，皮肤被病菌浸入形成溃疡。眼球突出，眼内出血或眼球变为白浊色。解剖病鱼可见肝、脾、肾等内脏出血、淤血；肠道充血，肠黏膜溃烂，可见肠内黄色黏液。

（3）**危害及流行情况**　该病是海水养殖及咸淡水域养殖鱼类的常见病，严重时死亡率相当高。4—10 月为流行季节，发病水温为 15 ~ 25℃。

（4）**防治方法**　① 要彻底清塘消毒，放养密度不宜过大，要投喂优质高效的饲料，要科学投喂。② 发病时要及时治疗，采用内外结合，常用漂白粉消毒抑制病原的发生。并用中草药和抗生素拌饵及时治疗。

八、肠胃病

（1）**病原**　病原主要由食物带入，由多种细菌引起。

（2）**症状**　病鱼被细菌感染后，发现胃肠呈现异常的颜色，多为暗红色，甚至严重出血。

（3）**危害及流行情况**　病鱼患胃肠病表现为食欲不振，不摄食，游动缓慢并离开群体。严重时会引起大量死亡。流行高峰为水温 20℃以上，主要是病从口入传染。摄食变质的饲料易诱发细菌性肠炎。

（4）**防治方法**　① 鱼种要及时分稀，保持合理的密度，保持良好的水交换；② 保证饵料的新鲜度，控制投饵量，防止鱼过量摄食，污染水质；③ 在饵料中定期添加0.001 5毫克/升的大蒜汁和适量渔用多维；④ 经常对饲料台用漂白粉消毒，清除残饵；⑤ 对鱼病期间先停止投饵1~2餐，之后每千克饲料用大蒜素1~2克或土霉素2~3克及黄连素拌料，连续投喂2~5天；⑥ 采用复方新诺明1~2克（每千克饲料），第一天药量加倍，连续投喂3~5天。

第六节　卵形鲳鲹的养殖实例

一、养殖实例一：高位池养殖卵形鲳鲹获良效

广东省阳江市海洋与渔业局戴了疑和羿喧水产有限公司合作利用高位池试养卵形鲳鲹，取得了良好效果，现把他们在2004年6月进行卵形鲳鲹的试养结果总结如下。

卵形鲳鲹是海水养殖名贵鱼类，抗病力强，适应性广（盐度3~28均能保持正常生长），生长周期短（一般养殖5个月即可收获），具有高投入、高产出、高利润的特点。

（一）高位池养殖

1. 池塘条件

池塘面积15亩，池底铺塑料薄膜，平均水深2.2米，为适应高密度养殖，配备叶轮式增氧机5台、水车式增氧机4台。

2. 清塘消毒

投苗前用漂白粉彻底清塘消毒，再用清水冲洗，几天后抽入干净海水，水深1米左右，塘水透明度保持在20~30厘米。

3. 密度和水质

2004年6月30日，投放卵形鲳鲹鱼苗8万尾，规格为3厘米/尾，放养时池水透明度约30厘米，水色呈绿色，海水密度为1.010，pH值为8。

4. 日常管理

（1）**投饲** 早期主要投喂鳗鱼料，一般09：00和16：00各投喂1次，由开始的散点投喂料逐渐过渡到定点投料，待鱼体长至8厘米时改投海水鱼膨化饲料；为防止饲料漂浮分散，用网在水面围一圈作为投料点，鱼从底部进入饲料投喂点摄食。

（2）**水深与透明度调节** 放苗时纳水至1米深左右，以后随着鱼体长大，逐渐加水至1.8米深，透明度保持在30~40厘米。

（3）**增氧调控** 由于养殖密度较高，一天24小时均需开动增氧机，以防止鱼群缺氧死亡。一般至少要开动2台增氧机进行增氧。中午11：00时前后，开动全部增氧机增氧1~2小时，防止水体分层，下半夜也全部开动增氧设备。

5. 分池饲养

在饲养一个月后，有一天因停电两小时，池塘由于放养密度高、致使鱼群缺氧，造成8 000多尾鱼死亡。吸取了这一教训后，为了减少养殖风险，将部分鱼分到一口面积13亩的池塘进行分池养殖，池塘配增氧机8台。再遇停电时，损失减少80%。

6. 鱼病防治

在养殖期间，每隔半个月用生石灰、二氧化氯进行水体消毒，并用苦楝树叶浸沤以预防车轮虫，每隔1个月用"指环绝杀"泼洒一次以防治寄生虫。

7. 收获

2005年1月起陆续起捕，共收鲜鱼17 700千克，成活率约80%，平均0.3千克/尾。当时收购价为30元/千克，总收入531 000元。生产成本：每千克鱼大约需20元，其中饲料占6%，电费占8%，药费占5%，苗种占10%，利润约40%，扣除成本，利润160 080元。

（二）高位池养殖的优势

1. 管理方便

网箱养殖中渔排离岸较远，管理人员在渔排上住宿，人员进出极不方便，改为高位池养殖后就不存在上述问题了。

2. 养殖周期缩短

网箱养殖鱼一般需 1 年时间才能养成，而在高位池养殖中，时间可大大缩短，只需 4～5 个月时间便可达到商品规格。

3. 养殖成本降低、收益增加

养殖的生产成本主要由饲料、人工、种苗、电费等几大部分构成，养殖时间减少，投喂的饲料必然减少，电费、人工也相应降低，总的生产成本也必然大大降低，相应的增加了收益。

（三）体会

① 随着养殖业的发展，高位池养殖海水优质鱼是一个方向，而且近年来对虾养殖病害多，部分高位池也可以改养海水优质鱼类，特别是基本解决海水鱼类种苗后，发展前景更加广阔。

② 优质海水鱼的养殖是一个高投入、高产出的项目，养殖户需要有一定的经济基础，否则在养殖过程中难以维持。大规模发展海水鱼养殖，主管部门要给予政策上的鼓励，国家财政、金融部门提供资金扶持。

③ 加强技术指导，做好鱼病防治是成功的关键，海洋与渔业主管部门要从技术上给予大力支持，全面提升养殖科技水平。

二、养殖实例二：鱼塭立体养殖卵形鲳鲹技术

余玉伦先生在珠海市金湾区三灶镇鱼月村定家湾开展的卵形鲳鲹混养，是一种充分利用水体空间的立体结构的规模化虾蟹鱼混养模式，达到增产增收，现把余玉伦立体养殖卵形鲳鲹技术介绍如下。

养殖池塘面积 6 亩，平均水深 1.5 米，盐度 3～20，养殖时间 2007 年 8 月 4 日—11 月 16 日，共养殖 105 天。养品种：主养

品种是卵形鲳鲹，养殖规格为 3～6 厘米，每亩放养的密度为
1 500尾。放养斑节对虾 1 万尾，规格为 1.2 厘米；放养青蟹 100
只，规格为每千克 20 只；放养鲻鱼 50 尾，规格为 3～5 厘米；在
养殖全过程中采用科学的综合管理方法。先是用网围驯化卵形鲳
鲹 7 天。然后放进塘，通过利用微生物制剂进行水质调控，投喂
海水鱼浮性人工配合饲料和鲜活的白蚬，定期在饲料中添加多种
维生素，大蒜素和维生素 C 与护肝的中草药，以提高鱼体的免疫
力和抗病力，由于卵形鲳鲹喜在池中游，其耗氧量较大，所以池
塘必须配备增氧机和发电机组，开足增氧，也可用抽水泵增氧。
养殖至 11 月 16 日收成，总产量为 2 142 千克，其中卵形鲳鲹为
1 890千克，规格平均 0.3 千克/尾，斑节对虾产量为 154 千克，
青蟹 98 千克，鲻鱼 29 千克。当时在塘头卵形鲳鲹出售价 22 元/
千克，总产值为 55 328.00 元，平均亩产值 9 221.33 元。

养殖的成本如下。

（1）苗种 共 11 050 元，其中卵形鲳鲹鱼苗 9 450 元，混养
的斑节对虾 100 元；青蟹 1 500 元，鲻鱼 150 元。

（2）饲料 19 845 元（单价 7 000 元/吨，投喂总量 2.835
吨）。

（3）药物或其他 5 000 元。

（4）电费 1 170 元（使用增氧机 2 台，共 900 小时）。

（5）总成本 37 065 元，平均每亩成本为 6 177.50 元，养殖
的总效益为 18 263 元，平均每亩经济效益为 3 043.83 元（单
造），每年可放养 2 造；单造的投入产出比为 1:1.49。

余玉伦先生的卵形鲳鲹与虾蟹等混养立体养殖模式，每年可
以养殖两造，在养殖中主要重视水质综合调控和病害的综合防
治，主养品种卵形鲳鲹时需特别注意增加水中的溶解氧，该养殖
模式是中山大学生命科学院与珠海市水产养殖（海水）科学技术
推广站合作开展的研究项目取得的成果，现已在我国南方沿海区
域推广，取得较好的经济效益。

第九章　花尾胡椒鲷养殖技术

花尾胡椒鲷〔*Plectorhinchus cincuts*（Temminck et Schlegel, 1844）〕隶属鲈形目（Percionnes）、石鲈科（Pomadsyidae）、胡椒鲷属，俗称假包公鱼、厚唇石鲈、花软唇、打铁婆（图 9 – 1）。花尾胡椒鲷是亚热带、温带浅海底层鱼类，分布广，从西太平洋、印度洋到我国的南海、东海、黄海均有分布，常栖息于岛屿附近，为岩礁及珊瑚礁栖性鱼种，移动范围不大。该鱼对环境适应性强，为广温、广盐性鱼类，可以在海水中养殖，在咸淡水中生长速度尤其快，驯化后甚至可在纯淡水池塘内短时间养殖。其色泽黑白分明，而且肉质鲜美细嫩，营养丰富，因此，深受人们喜食。花尾胡椒鲷从 2000 年左右开始在福建、广东沿海进行网箱养殖并获得成功之后，已逐渐发展为网箱养殖的名优海鲜品种之一，是广东的深圳、东莞、珠海以及粤西沿海咸淡水池塘养殖的重要品种，养殖面积在逐年增加，成为咸淡水养殖业中的新秀。

图 9 – 1　花尾胡椒鲷

第一节 花尾胡椒鲷的生物学特性

一、形态特征

花尾胡椒鲷头中等大,体延长而侧扁,背面隆起呈弧形,腹部缘圆形,吻短钝而唇厚,口小,上颌稍突出于下颌,颌齿多行,呈不规则细小尖锥齿,前鳃盖骨边缘具细锯齿,鳃耙细短。体被细小弱栉鳞,侧线完整。臀鳍基底短,尾鳍近截平。头和体上部具有 15～17 条深棕色波纹带,下部断裂成斑点,体灰色,背部色深,腹部色浅,体背侧散布许多黑色小点,尤以后部为甚。背及尾鳍灰黄色且散布黑色小点,腹鳍灰黑色,臀鳍内侧灰白色,外侧灰黑色。

二、生态习性

花尾胡椒鲷是亚热带、温带浅海底层鱼类,喜栖息在礁石、珊瑚礁下,分布深度在 50 米内的水域。特别是在岛屿附近较多,移动范围不大,通常是单独行动,该鱼具有洄游性较小的特性,可作为增殖放流的种类或投放于人工鱼礁的品种。该鱼有昼间躲避在洞穴中、夜晚出外猎食珊瑚礁区的鱼虾贝类的习性。其最适生长温度为 22～26℃,最适盐度为 20～28,但亲鱼培育的盐度要求为 25～30,育苗最适盐度为 26～29,花尾胡椒鲷可以在盐度从 5 至完全的海水中养殖,在逐渐淡化下人工驯养能在 2～3 的盐度生存,几乎可适应淡水。在咸淡水中生长尤其迅速。以上这些特性使它在咸淡水池塘养殖中迅速崛起。在广东省珠海市已经驯化为咸淡水池塘养殖的主要名优海鲜品种之一,其养殖面积在逐年增加,也成为广东省沿岸网箱养殖的良种之一。

三、食性与生长

花尾胡椒鲷属于肉食性鱼类，以甲壳类及小杂鱼为食。该鱼具有优良的生物学特性，生长速度快，适应性强，肉质鲜美可口，在饲养过程中对饲料要求不高，容易饲养，如用小杂鱼及人工配合饲料喂养，养殖一年可达500克以上的商品鱼规格。最大体长60厘米，体重可达5千克。花尾胡椒鲷近年来成为我国沿海主要的养殖品种之一。

四、繁殖习性

每年的3—6月为其产卵季节，在南海区，每年3月底至5月份，其成熟的亲鱼全长为46~60厘米，体重为1.4~4.6千克，会在沿岸水域产卵。由于资源已经逐渐枯竭，非生殖季节的捕获量相当少。

在人工养殖条件下，花尾胡椒鲷雌、雄鱼繁殖年龄为2年，亲鱼繁殖体重为1.5~2.0千克，抱卵量为70万粒/千克，繁殖水温为25~28℃，盐度为26~30。花尾胡椒鲷属于分批产卵类型，亲鱼的性成熟周期为1年1次。正常的受精卵是球形，卵黄无色透明，卵膜光滑的分离浮性卵。根据调查，在我国南方地区网箱养殖的花尾胡椒鲷性成熟期一般是在每年的3月下旬至8月上旬。

第二节　花尾胡椒鲷的种苗培育

花尾胡椒鲷的种苗主要来自人工繁殖，种苗的培育方式如下。

一、室内水泥池培育

育苗可用室内水泥池（每个池为20~100立方米），育苗用水要经沉淀、砂滤、消毒，育苗池中放入 8~12 个气石进行充气增氧，池的水温在 22~27℃，盐度为 21~26，溶氧量在 5 毫克/升以上。初孵化的仔鱼入池 3~4 天开口，根据仔稚鱼发育的不同阶段对饲料营养和适口性的要求，采用不同的饵料品种配合投喂，育苗的基础饵料生物依次为小球藻、轮虫、卤虫无节幼体、桡足类幼体、桡足类、枝角类和鱼糜等。

为增加仔稚鱼生长所需的高度不饱和脂肪酸（HUFA），对生物饵料均采取营养强化措施。轮虫在投喂前经小球藻及乳化鱼油强化 8 小时，卤虫无节幼体在使用前也要经同样处理。在仔鱼开口后连续投喂牡蛎受精卵、轮虫 6~8 天。10 日后根据仔鱼、稚鱼摄食情况，以少量多餐为原则。到稚鱼期开始投喂。

仔鱼入池放养密度为 10 000~15 000 尾/米^3，入池后第三天开始添水 5~10 厘米，一般一周后开始换水，并适当添加些淡水，使池水的盐度逐步降到 20 或再低一些，增强其适应环境的能力。

二、土池培育

1. 清塘

鱼苗放养前 10 天，采用生石灰带水清塘，水深为 1 米，每公顷生石灰的用量为 3 750 千克。

2. 肥水

清塘后排水并进水，每公顷用鸡粪 750 千克和有益微生物、复合肥进行培养基础饵料生物，使池塘繁殖单胞藻及轮虫、桡足类等浮游生物。

3. 鱼苗集中暂养

暂养池内设置深 1 米，面积约 20 平方米的正方形网箱，将鱼苗在网箱内暂养半个月左右，每天投喂新鲜鱼糜，加拌复合维生素等增强免疫力。

4. 水质管理

换水以自然纳潮为主，每次换水量为 20 ~ 50 厘米，一般 2 ~ 3 天换水一次，观察池塘水色的变化，饵料生物或有害浮游生物量的增减情况及透明度，具体掌握，适当改变换水次数和换水量。

5. 饵料投喂

在池塘周围不同水深处设置 6 个投饵台，每天上午和傍晚分两次投饵，投喂种类以新鲜小杂鱼和冰鲜鱼为主，试养初期将饲料鱼切成糜状，中期可以制成软颗粒饲料与配合饲料，投饵量以 1 ~ 2 小时吃完为宜。

6. 日常管理

每天测定池塘水温两次，每 10 天测定鱼苗体长与体重一次，定期观察池塘水色、水透明度及浮游生物量变化，每 7 ~ 10 天对鱼苗进行分筛一次，按不同规格分塘放养，减少鱼苗互相残杀，提高成活率。

第三节　花尾胡椒鲷的成鱼养殖技术

一、池塘养殖

1. 池塘的选择

依据花尾胡椒鲷的生活习性，可知养殖花尾胡椒鲷的池塘选择很重要，主要选择底质较硬的沙泥底、沙底及砾石底的池塘，并且水质好，无污染，有淡水水源，交通方便等，其条件与其他咸淡水品种相似。因为花尾胡椒鲷主要生活在底层，喜欢在较大水压下生活，因此对池塘的深度要求比较严格。养殖面积为 10 ~ 30 亩，水深在 2.5 米以上，以易管理的小型池子为宜，换水能力达到30%以上。

2. 鱼种放养前的准备

（1）**池塘的清淤消毒** 把池水排干，封闭晒池，2月底至3月初，对池塘进行彻底清淤，进水10厘米左右，然后用漂白粉对池底、池坝进行全面消毒，每亩用量为20～30千克。

（2）**进水肥水** 在3月中旬要立即进水肥水，清池消毒后，待药物毒性消失后即可进水，进水前在进水闸门安装滤水网袖，防止其他杂鱼敌害进入池塘，进水后每亩用有机肥400～500千克、复合肥3～4千克，繁殖基础饵料生物，透明度在35～40厘米，为养殖品种提供丰富的饵料生物，为鱼苗的前期生长提供饵料基础。

3. 鱼种的放养

4月初池塘中已有相当数量的浮游生物繁殖，水色渐浓，透明度在35厘米左右即可把鱼苗放进池塘，放养的鱼苗规格以70～100克/尾为好，放养密度为580～620尾/亩，也可放养2～3厘米鱼苗，在水深3米的池塘，放养密度可达到1 500～3 000尾/亩。也可同时放养部分鲻鱼、梭鱼等滤食性鱼类，有利于净化水质，达到高产高效。放苗后，第三天开始少量投饵，并观察鱼苗活动情况和成活率。

4. 饵料投喂

花尾胡椒鲷的前期（4—5月）仔鱼、稚鱼入塘后，以基础饵料生物为主，并投喂鱼糜，中、后期（5月下旬至养成收获）随着水温的升高，鱼的摄食加大，投喂量增多，为保证鱼苗食饱不浪费，投喂中要求饵料新鲜，不投喂变质的饵料，以新鲜的或冰冻的杂鱼虾、碎贝类肉为主，同时可以配制软颗粒饲料及人工配合饲料，拌以复合维生素以提高免疫力。采取少吃多餐定点投喂，以便清理残饵，前期每日1次，中、后期每日3次，根据天气、水温及鱼类数量、摄食具体情况而定。

5. 水质管理

养鱼、养虾就是养好水，放养鱼苗初期，由于投饵量少，水质比较稳定，尽量少换水，中、后期随着水温升高，换水量加大，由于后期投饵量增大，鱼的代谢物和残饵增多，此时可使用过氧化钙水质改良剂或沸石粉等以改良水质环境，确保良好稳定的水质，促进鱼的健康生长。

6. 日常管理

（1）**认真做好巡塘管理和观察记录**　每日测定水温、盐度、溶解氧、pH 值等水质因子。定期测量鱼的体长和体重，根据鱼的数量和气候情况等，调整投饵量。

（2）**配备增氧机**　根据天气变化情况开动增氧机，科学使用。观察水质、水色变化和鱼活动情况，养殖后期经常换水。

7. 病害防治

鱼种入池前用高锰酸钾消毒，要把好第一道关。为控制鱼病发生，还要做到三点，一是要投喂优质饵料；二是要定期投喂药饵；三是每次进水后要采用 1 克/米³ 的漂白粉全池泼洒消毒。

发现有病鱼要及时诊断治疗，确保鱼的健康养殖。

8. 养成收获销售

花尾胡椒鲷养殖自 10 月中旬可陆续出池销售，收获时平均体重达 500 克以上，平均亩产值可达 5 000 元以上，亩效益可达约 3 000 元，经济效益相当可观，若与鲻鱼等混养经济效益更好。

二、网箱养殖

花尾胡椒鲷的网箱养殖，基本上都采用浮动式网箱养殖模式。

1. 场地选择

选择在风浪较小、避风向阳、潮流畅通、无污染的内湾或近海区，综合考虑有淡水水源，苗种和饵料来源方便，交通条件较好等多种因素。要满足花尾胡椒鲷对环境条件的要求，该鱼要求在水较深的环境活动，所以水深条件满足退潮时网箱底离水底要保持 2 米左右，以防箱底磨损造成逃鱼等事故。

2. 网箱的设置与规格

花尾胡椒鲷养成网箱的深度为 3.5～4.0 米，网眼大小为 20～60 毫米，但是网箱的规格与网目大小随着鱼种的长大而改变，为避免鱼体擦伤，网衣材料要选择质地较软的结节网片为好。

3. 鱼种的放养

（1）**鱼种的选择**　花尾胡椒鲷放养的鱼种应选择体型匀称，体质健壮，活力强，体表鳞片完整，无病、无损伤的。同一网箱中放养的鱼种规格，要求大小整齐一致。计划当年达到 400 克以上规格网箱商品鱼，放养的鱼种规格要在 100 克/尾左右。

（2）**鱼种的运输**　花尾胡椒鲷鱼种的运输方法有活水船、活水车、鱼篓、水箱、塑料袋充氧泡沫箱等多种方法，而作为生产性的批量长途运输，以活水船运输为佳。有病鱼或饱食后的鱼种不得启运。活水船运输要选择风小的天气进行，运输时间超过 24 小时以上的参考运输密度为 500 尾/米^3（规格为 75 克/尾），即 40 千克/米^{3}左右，若以其他方法运输，要比活水船运输密度小得多。

（3）**鱼种的放养**　在流急海区的网箱，放养鱼种要选择在小潮水期间，鱼种运到放养的网箱区后，在捞鱼装桶与倒进网箱时，应用高浓度的抗菌素加入适量福尔马林的淡水溶液对鱼种进行浸泡消毒。使用封闭式水体运送鱼种的，在入箱时，要避免水温等条件的突变，可采用在运送水体中加入网箱区海水的办法进行短暂的过渡处理。

鱼种的放养密度要根据网箱内水流畅通情况及鱼种的规格来决定，75 克大小的鱼苗一般放养的密度为 25 尾/米^{3}左右，在收获前的密度为 12 ~ 14 尾/米³, 即 6 ~ 7 千克/米³。

4. 饲料与投喂

（1）饲料的种类与加工　花尾胡椒鲷为肉食性鱼类, 对蛋白质需求较高。据试验, 在养成阶段的人工配合饲料的蛋白质含量以 45% 左右为宜, 而碳水化合物的含量控制在 5% 左右。多以冰冻的鱼切成块作为花尾胡椒鲷饵料, 它在水中不易溃散, 其缺点是营养单一, 不便于添加添加剂。

另外是把冰冻鱼绞成肉糜, 可以做成软颗粒饲料, 能混合部分粉状配合饲料或加入其他鱼、虾及维生素等, 营养全面, 鲜度较好, 可作为主要饲料。

（2）投喂技术　花尾胡椒鲷在养成期间, 一般每天早上与傍晚各投喂一次；在越冬期间（水温为 12 ~ 16℃）, 每天投喂一次；在阴雨天气时, 可隔天一次。在高温期间可用软颗粒饲料与浮水性膨化饲料交替使用, 效果更好, 在使用膨化饲料时, 应先把饲料在 1:1.5 的淡水中浸泡 20 ~ 30 分钟, 使饲料完全吸水后投喂, 效果较好。

当天投喂量要根据前一天摄食的情况以及潮流、水色及天气变化、养殖鱼有无移箱等情况来决定。

软颗粒饲料日投饵率在高温季节（水温在 29℃ 以上）, 约为存箱鱼重的 5%, 高的达 6% ~ 8%。越冬期在 1% 以内, 在投喂饵料前及投喂中要尽量避免人员走动, 要保持环境安静, 否则, 会影响鱼的摄食。

5. 网箱养成的管理

花尾胡椒鲷在网箱养成阶段的管理操作, 基本上和苗种培育阶段相同, 但必须强调的是：养成阶段生长速度最快时是在高温期间, 这时也是网箱上最容易附生植物等附着物的季节, 所以要经常换洗网箱, 一般每隔 30 天换洗一次。结合换洗网箱, 对网箱中的养殖鱼进行选别工作, 挑出大规格与小规格的, 留下中等规格的，并用抗菌素、淡水溶液等进行浸泡消毒。

为保持花尾胡椒鲷养成商品鱼的天然体色，养成后期最好在网箱上加盖遮阳布，尤其是在水流不畅、水质肥沃的连片网箱养殖区，要坚持每天早、中、晚分3次检查网箱内鱼的动态。特别是在闷热天气，要注意做好凌晨的巡视工作，防止缺氧死鱼。如有问题应采取措施，确保网箱养殖的健康发展。

第四节　花尾胡椒鲷的病害防治

一、寄生虫病

（1）**病因**　主要有本尼登虫和鳃瓣寄生虫异斧虫两种，尤其是本尼登虫，高温期多发，寄生于鱼体体表而使鱼得病。异斧虫大量寄生鱼体时，鱼鳃褪色、贫血、鱼不摄食、消瘦，直至死亡。

（2）**主要症状**　患此病的鱼体表现狂游不安，并不断向网片摩擦鱼体，诱发细菌从损伤处侵入鱼体，会引起细菌感染并发生疾病，寄生虫数量多时，鱼体呈现贫血症状，后衰竭而死亡。

（3）**防治方法**　① 用淡水浸浴鱼体5～10分钟防治本尼登虫。② 防治异斧虫，在加食盐至盐度为60的海水和25～50毫克/升的福尔马林中浸浴鱼体2～5分钟有一定疗效。

二、细菌性疾病

（1）**病因**　主要有弧菌病、链球菌病、滑走细菌病等。类结节病在水温20℃左右，多雨季节，海区盐度较低时容易感染发病。

（2）**主要症状**　被细菌感染的仔稚鱼，病鱼除体色变黑外，从外表看不出其他症状，解剖后可见到肾脾脏有小白点，病情发展很快，养殖中可发现稚鱼和幼鱼死亡更快。

（3）防治方法　鱼发病期间要减少投喂量，在饲料中加拌"奥琪苏磷酸" 0.2% ~ 0.5%，连续投喂 3 天有一定疗效。由弧菌病引起的，在饲料中加拌 0.1% ~ 0.2% 的抗生素，连续投喂 3 ~ 5 天即可。

三、营养性疾病

（1）病因　投喂的饲料质量差，饲料中缺乏硫胺酶和维生素。

（2）主要症状　病鱼体表黏液少，鳞片易剥落，对外界刺激较敏感，体表及鳍部呈出血状。

（3）防治方法　鱼体出现症状时，应立即改变饲料配方，使用优质的饵料鱼，并添加复合维生素及维生素 C。

鱼病与饲料营养关系密切，用劣质饲料，鱼不摄食又污染了水质，导致病菌的繁殖，若鱼抗病力低，鱼就会发病，因此，要使用优质高效的饲料以增加鱼的抗病力和免疫力。

第五节　花尾胡椒鲷的养殖实例

花尾胡椒鲷是海水鱼养殖中生长快、肉质细嫩、营养较高的一个优良水产养殖品种，属于广盐性鱼类，它以鱼类、甲壳类为食。近几年来随着人工育苗的成功，花尾胡椒鲷已成为一种养殖周期短、见效快的值得推广的养殖品种。现将福建省平潭县海洋与渔业局花尾胡椒鲷人工养殖情况介绍如下。

一、养殖区域选择及网箱设计

1. 养殖区域

花尾胡椒鲷养殖应选择在抗风力较强的港湾里，低潮时的水位应在 5 米以上，海水流速为 0.6~1.0 米/秒，海水溶氧量不低于 6 毫克/升，年最低水温不低于 9℃，养殖区域无工业及其他污染源，海区常年透明度高。

2. 网箱要求

网箱为木质框架，网箱规格为 6.6 米×3.2 米×4.0 米，网箱材料为聚乙烯，网箱网目根据鱼的规格大小而定，以鱼不能逃逸为前提。当鱼体重达 150 克以上时，就可以用 5 厘米网目的网箱一直养到商品鱼。

二、种苗选择及养殖密度

1. 种苗选择

一般选择体长 3~10 厘米的花尾胡椒鲷作为养殖种苗。购买种苗时，应注意观察种苗体色、游动是否正常，同一批种苗大小是否均匀，摄食是否正常，网面及网底有否死鱼，投喂种苗的饲料中是否添加药物等。选择好健康的种苗是养殖成功的第一步。在运输装卸过程由于环境变化以及操作擦伤，必须进行必要的消毒处理，一般要等种苗运回一星期后实施，以防止种苗在环境改变和运输装卸过程中体力下降而诱发其他疾病。

2. 放养密度

花尾胡椒鲷种苗放养密度应根据规格而定，在 6.6 米×3.2 米×4.0 米的小网箱里放养 7 厘米的种苗 3 500 尾，放养 10 厘米的种苗 3 000 尾。当花尾胡椒鲷体重达到 100~200 克，每箱放养 1 400~1 600 尾，当体重达到 300 克以上，每箱放养 1 000~1 200 尾。花尾胡椒鲷养殖密度还要根据海区水流、水质等因素进行适当的调整。

三、日常养殖管理

1. 规格分选

花尾胡椒鲷养殖一般20～60天应进行一次规格分选，规格分选是使花尾胡椒鲷养殖能够避免弱肉强食和保证同步生长的关键，同一规格花尾胡椒鲷养殖一段时间后，其大小规格差异很大，所以定时分选十分重要。一般在种苗阶段20天分1次，达到100克后40天分1次，300克后60天分1次。网箱放养规格、数量、时间都要认真做好记录，这样可以掌握鱼的饲料投喂量及鱼的生长速度。

2. 投喂量及投喂方法

花尾胡椒鲷养殖饵料一般选择小鳀鱼、小花鳀、小鲔鱼、沙丁鱼及其他鲜度好的小杂鱼。规格在50克以内，这些饵料应进行绞肉机加工，规格在100克以上可以经切片机切片投喂。日投喂量为鱼体重的6%～12%，高温季节日投喂应控制在8%以内，1天投喂2～3次；当水温在13℃以下时，应适当减少投喂量；水温在16～26℃范围内，日投饵量可达鱼体重的12%，遇禁渔期无小杂鱼供应时，可投喂膨化颗粒饲料，应根据厂家商品要求进行投喂，投喂膨化颗粒饲料应做好投饵网，投饵网片网目不能大于投喂颗粒饲料的规格。

四、病害防治

花尾胡椒鲷养殖，对饲料质量要求相对较高，平时要严禁投喂腐烂或发霉的变质饲料。水温在28℃以上时要适当减少投喂量。遇到赤潮时，低潮位不投饵，高潮位时少投饵，赤潮严重时不投饵。

规格分选时，在夏天要避开烈日高照，选择早、晚时间或阴天时进行规格分选，若遇到赤潮或其他海水污染时应停止规格分选。平时饲料投喂中，一个月中有 3 ~ 5 天要定期添加大蒜素、维生素 C、食母片、多维等，若有发现死鱼，还应在饲料中适当添加中药黄连、大黄、黄柏、板蓝根等或西药氟哌酸、强力霉素、"病毒灵"等。

若发现死鱼或鱼的摄食量严重减少，应及时查明原因，若因寄生虫类引起，必须用 10 毫克/升福尔马林淡水溶液浸泡，其浸泡方法是将帆布按 3.0 米 × 1.2 米 × 1.2 米规格缝好，然后注入淡水，再加入药物搅拌均匀，最后把鱼捞到帆布袋里浸泡。浸泡时间为 5 ~ 10 分钟，病情严重隔 1 天再浸泡。这种浸泡方法对细菌、真菌及病毒诱发鱼病也有辅助治疗作用。

五、养殖效益

2005 年 4 月 12 日，购进 3.2 万尾规格为 7 ~ 10 厘米的花尾胡椒鲷苗种进行人工养殖，经过 10 ~ 13 个月的养殖成为商品鱼，其规格平均为 600 ~ 650 克，成活率达 76%。其中 30% 在 2006 年 1 月 14—26 日销售，70% 在 2006 年 5 月 8—28 日销售。花尾胡椒鲷养殖饲料营养成分不同，其转化率也不同，鲜、冻小杂鱼其转化率平均为 12∶1，膨化颗粒饲料平均转化率 3∶1。成鱼养殖成本达 26 ~ 28 元/千克，销售价为 36 ~ 40 元/千克，效益可达 10 ~ 14 元/千克。

附　录

附录1　养殖用水水质标准

一、渔业水域水质

渔业水域的水质应符合《渔业水质标准》（GB11607—1989）的要求（附表1-1）。

附表1-1　渔业水质标准

项目序号	项目	标准值
1	色、臭、味	不得使鱼、虾、贝、藻类带有异色、异臭、异味
2	漂浮物质	水面不得出现明显油膜或浮沫
3	悬浮物质	人为增加的量不得超过10，而且悬浮物质沉积于底部后，不得对鱼、虾、贝类产生有害的影响
4	pH值	淡水为6.5~8.5，海水为7.0~8.5
5	溶解氧/（毫克·升$^{-1}$）	连续24小时中，16小时以上必须大于5，其余任何时候不得低于3，对于鲑科鱼类栖息水域冰封期其余任何时候不得低于4
6	生化需氧量（5天、20℃）/（毫克·升$^{-1}$）	不超过5，冰封期不超过3
7	总大肠菌群/（个·升$^{-1}$）	不超过5 000（贝类养殖水质不超过500）
8	汞/（毫克·升$^{-1}$）	≤0.000 5
9	镉/（毫克·升$^{-1}$）	≤0.005
10	铅/（毫克·升$^{-1}$）	≤0.05

项目序号	项目	标准值
11	铬/（毫克·升$^{-1}$）	≤0.1
12	铜/（毫克·升$^{-1}$）	≤0.01
13	锌/（毫克·升$^{-1}$）	≤0.1
14	镍/（毫克·升$^{-1}$）	≤0.05
15	砷/（毫克·升$^{-1}$）	≤0.05
16	氰化物/（毫克·升$^{-1}$）	≤0.005
17	硫化物/（毫克·升$^{-1}$）	≤0.2
18	氟化物（以F$^-$计）/（毫克·升$^{-1}$）	≤1
19	非离子氨/（毫克·升$^{-1}$）	≤0.02
20	凯氏氮/（毫克·升$^{-1}$）	≤0.05
21	挥发性酚/（毫克·升$^{-1}$）	≤0.005
22	黄磷/（毫克·升$^{-1}$）	≤0.001
23	石油类/（毫克·升$^{-1}$）	≤0.05
24	丙烯腈/（毫克·升$^{-1}$）	≤0.5
25	丙烯醛/（毫克·升$^{-1}$）	≤0.02
26	六六六（丙体）/（毫克·升$^{-1}$）	≤0.002
27	滴滴涕/（毫克·升$^{-1}$）	≤0.001
28	马拉硫磷/（毫克·升$^{-1}$）	≤0.005
29	五氯酚钠/（毫克·升$^{-1}$）	≤0.01
30	乐果/（毫克·升$^{-1}$）	≤0.1
31	甲胺磷/（毫克·升$^{-1}$）	≤1
32	甲基对硫磷/（毫克·升$^{-1}$）	≤0.0005
33	呋喃丹/（毫克·升$^{-1}$）	≤0.01

资料来源：中华人民共和国国家标准《渔业水质标准》（GB 11607—1989）。

二、海水养殖水质

海水养殖的水质应符合《无公害食品 海水养殖用水水质》（NY 5052—2001）的要求（附表 1-2）。

附表 1-2　海水养殖水质要求

序号	项目	标准值
1	色、臭、味	海水养殖水体不得有异色、异臭、异味
2	大肠菌群/（个·升$^{-1}$）	≤5 000，供人生食的贝类养殖水质≤500
3	粪大肠菌群/（个·升$^{-1}$）	≤2 000，供人生食的贝类养殖水质≤140
4	汞/（毫克·升$^{-1}$）	≤0.000 2
5	镉/（毫克·升$^{-1}$）	≤0.005
6	铅/（毫克·升$^{-1}$）	≤0.05
7	六价铬/（毫克·升$^{-1}$）	≤0.01
8	总铬/（毫克·升$^{-1}$）	≤0.1
9	砷/（毫克·升$^{-1}$）	≤0.03
10	铜/（毫克·升$^{-1}$）	≤0.01
11	锌/（毫克·升$^{-1}$）	≤0.1
12	硒/（毫克·升$^{-1}$）	≤0.02
13	氰化物/（毫克·升$^{-1}$）	≤0.005
14	挥发性酚/（毫克·升$^{-1}$）	≤0.005
15	石油类/（毫克·升$^{-1}$）	≤0.05
16	六六六/（毫克·升$^{-1}$）	≤0.001
17	滴滴涕/（毫克·升$^{-1}$）	≤0.000 05
18	马拉硫磷/（毫克·升$^{-1}$）	≤0.000 5
19	甲基对硫磷/（毫克·升$^{-1}$）	≤0.000 5
20	乐果/（毫克·升$^{-1}$）	≤0.1
21	多氯联苯/（毫克·升$^{-1}$）	≤0.000 02

资料来源：中华人民共和国农业行业标准《无公害食品　海水养殖用水水质》（NY 5052—2001）。

附录2 水产健康养殖相关产品介绍

一、广州市三达水产科技服务公司

广州市三达水产科技服务公司成立于1993年,其主要组成人员为中国水产科学研究院南海水产研究所高级科技人员,致力于微生物水质净化剂、生物促长剂、底质改良剂的研制、开发以及鱼、虾、贝类等的高科技病害防治技术研究和技术服务。

该公司于1997年率先引进美国CBS微生物种系,成功研制出净化养殖水质的高科技环保产品——CBS"鱼虾活康素"。利用有益微生物制剂净化、修复养殖水体至最佳状态,营造了良好的鱼虾生长仿生环境,同时增强鱼虾自身的免疫功能,大大避免和减轻了鱼虾病害的发生,确保了无公害健康生态养殖的成功,从而促进了水产养殖业的可持续发展。

CBS"鱼虾活康素"在华南沿海开展鱼虾养殖试验后,大获成功,使用该产品的养殖户均说其有神奇功效,施用过"鱼虾活康素"的鱼塘、虾塘,不仅能增产、增收,并且品质优良,达到无公害水产品质量标准。《中国海洋报》、《科技日报》、《中国渔业报》、《中国水产》、《广东科技报》、《海洋与渔业》、《水产前沿》、《广东科技致富》等报纸杂志以及广州电视台"聚焦企业、相约成功"栏目均作了专门报道和采访。经多年精心研究,该公司与国内外有关科研机构、院校合作联合研制出具有国内先进水平的"健康水产养殖"系列产品,除了"鱼虾活康素"之外,还包括"虾康素"、"丰虾素"、"达康素"、"中华肥水汪"、"肥水育藻素"、"增氧塘底净"、"绿宝"、"特效病毒净"、"鱼虾克毒星"、"池塘藻菌净"、

"鱼虾强效病毒灵"、"救虾灵"、"鱼虾护肝宝"、"维生素 C"、"改水增氧剂"、"鱼虾活康菌"等鱼、虾、贝类及观赏鱼等系列无公害健康养殖产品，深受国内外养殖户欢迎。无论是在广东的湛江、电白、阳江、台山、新会、珠海、中山、惠东、海丰、陆丰、汕头等地区，还是在广西、海南、福建等省，凡是使用过该公司产品的养殖户，无论是养殖对虾、鱼类、贝类，都在同一地区没有使用该公司产品的大多失收之时，获得了不同程度的增产增收。数年来在养殖斑节对虾、南美白对虾、蟹、甲鱼、鳗鱼、桂花鱼以及锦鲤等都不乏高产增收的成功案例。许多养殖户专门致电或登门向该公司致谢。中国水产科学研究院南海水产研究所、珠江水产研究所、华南农业大学等单位的资深水产养殖专家，如宋盛宪、俞建力、张丹、廖国璋、邹记兴等，都撰文推介并高度赞扬该公司产品。该公司的"健康水产养殖"系列产品已荣获"广东省绿色无公害产品"、"广东省名优产品"称号，远销到我国辽宁、山东、河北、江苏、上海、浙江、江西、湖南、湖北、四川、云南以及越南等地。

经十余年的艰辛创业，该公司已建立起现代化的生产车间和完善的化验检测设备，为产品的高质量提供了强有力的保证，被中国质量信用评价中心专家评审委员会评定为"AAA$^+$级中国质量信用企业"。该公司多年来先后在广东省斗门县莲溪镇、广州市番禺区海鸥岛、广东省电白县、广西壮族自治区钦州市以及越南广宁省芒街等地联建了"三达系列产品健康养虾高产示范基地"，在广东清新县山塘镇与广东省老科学技术工作者协会清新县科技服务站联建"无公害健康养殖桂花鱼示范基地"，均取得了高质高产的成功，受到各地用户和政府部门的一致好评。该公司还定期组织水产养殖专家、教授为水产养殖户举办各种类型的水产养殖技术培训班，推广科学高效、无公害生态健康养殖技术。

现将三达"健康水产养殖"系列产品的主要功能特点、用法用量等简介如下。

1. "CBS 鱼虾活康素"

CBS "鱼虾活康素" 是净化、调整养殖水质的活性物质，主要原料由美国引进，其独特之处是具有"智慧"型的有益的 CBS 微生物种系，它采用特殊技法制成，由 11 个菌属、86 种以上功能各异的、于自然界获取的有益微生物组合而成，需氧和厌氧并存。它能有选择地清除水中的有害物质，化解塘底的有机淤泥，分解水面油污，去除养殖水体中的有毒氨氮（NH_3-N）、硫化氢（H_2S）、亚硝酸盐（NO_2^-）等有害物质，起到去污除臭、稳定水质、改善水中理化因子，抑制各种病体繁殖，增强鱼虾自身免疫力的作用。实验证明，施用"鱼虾活康素"后，生物耗氧量（BOD）和化学耗氧量（COD）均下降 55%～75%，氨氮、硫化氢、亚硝酸平均下降 60%。最有养殖意义的溶氧量（DO）上升 50%～70%，施用"鱼虾活康素"仅 1 个月，池底有机污泥被分解 3～5 厘米，令水质富氧、清爽、洁净。从而造了就一个使鱼虾活泼健康的良好环境，达到增产增收的目的。

"鱼虾活康素"对鱼虾及人体、植物均无毒、无害、无副作用。

（1）**性状** 淡黄色粉末。

（2）**主要成分** CBS 有效活菌总数不小于 20 亿/克。

（3）**功能** ① 清除养殖水体中有机污物及氨氮、硫化氢、甲烷、亚硝酸盐等有害物质。② 化解老化池塘有机污泥和沉积有机物。③ 减轻水面油污染度。④ 去除水中重金属，平衡酸碱度，令水质清爽洁净。⑤ 增加水中溶氧量，降低生物和化学耗氧量。

（4）**使用范围** 海水、淡水养殖，尤其适合沉积物较多的老化池塘。

（5）**用量** 养殖全过程均可使用。水深 1 米，每亩首次施放 1 千克；第二次隔 15 天施放 0.5～1.0 千克；水质状况非常差的池塘，可进行第三次施放，水深 1 米，每亩用量为 0.5 千克。

（6）**用法** ① 先用 10～20 倍水（海水、淡水均可）浸泡4～5 时后全池泼洒。② 直接对池塘均匀抛撒。

2. "丰虾素"

"丰虾素"是引进加拿大 PMT 集团旗下伊申思有限公司沉淀多年技术精华配制而成的新一代高效浓缩型水溶性维他命，其最显著特征是富含多种高效性、稳定性、增色性、免疫性、抗病性、抗应激、电解平衡性的维他命，迅速促进水生动物肌肉生长。对于高密度养殖所出现的对虾摄食不良、肌肉消瘦、生长缓慢、软壳、厚壳、蜕皮障碍等均有显著的改善效果。

（1）**性状**　粉末呈黄色或淡黄色，味芬香。

（2）**营养成分分析值**　见附表 2 - 1。

附表 2 - 1　"丰虾素"营养成分分析

维生素 A	≥2 000 国际单位/千克	谷氨酸	≥10 000 毫克/千克
维生素 B_1	≥300 毫克/千克	蛋氨酸	≥8 000 毫克/千克
维生素 B_6	≥38 毫克/千克	赖氨酸	≥5 500 毫克/千克
维生素 B_2	≥19 毫克/千克	脯氨酸	≥9 000 毫克/千克
维生素 D_3	≥550 000 国际单位/千克	叶酸	≥65 毫克/千克
维生素 E	≥80 毫克/千克	烟酸	≥480 毫克/千克

（3）**功能**　① 促长增肥效果明显。前期投喂可提高虾苗成活率，促进体长，增强抗病力；后期投喂可育肥增重，改善体色，明显提高产量。② 诱食性强。可增强食欲，提高消化吸收率，降低饲料系数，节省成本。③ 营养价值高，可补充和平衡由于投喂人工饲料所引起的营养不良或营养失调，加快蜕壳周期，缩短养殖时间。

（4）**用法用量**　每千克饲料配本品 3 ~ 5 克，用水稀释后与饲料拌匀投喂。

3. "中华肥水汪"（"肥水养藻素"）

"中华肥水汪"是依养殖水体营养盐的变化规律，应用"以磷促肥，以微促肥"的科学原理，复合高纯度速溶于水的磷酸盐，科学添加20多种促进浮游生物生长的微量元素精制而成。

（1）**性状** 淡黄色粉末。

（2）**主要成分** N、P_2O_5、微量元素、有机质、生物素、增效剂等。

（3）**功能** ① 高效快速促进浮游生物、单细胞藻类的大量繁殖，丰富池塘内的基础饵料，减少投饵量。② 充分发挥优势藻种的抑菌作用，吸收分解水中生物排泄物及残饵分解后的有毒物质，预防病毒发生。③ 使水质长期保持较佳状态，保持良好水色。④ 对水质不仅无污染，还可抑制污染。⑤ 适用于虾、蟹及各种家鱼、鳗鱼、桂花鱼、甲鱼等海水、淡水养殖，对促进珍珠优质生长更有特别功效。是一种理想的经济高效的池塘肥水剂。

（4）**用法用量** ① 清塘消毒后，每亩水面（水深为1.0～1.5米）每次施用0.5～1.0千克，充分溶解后沿池均匀泼洒在池塘进水处，自然流进。② 放苗后和养殖过程中发现水色变清或换水后，按上述用量补施，一般每10～12天补施一次。③ 大雨或暴雨后水质变清要补施。④ 使用时间选在光照强、温度高的晴天效果最佳。

4．"肥水育藻素"

"肥水育藻素"为新一代微生物水质改良剂，含美国引进的"智慧型"CBS微生物种系、纳豆芽孢杆菌等多种有益菌株以及多种微量元素、营养素、生物素等，是一种高效速效、培藻养饵、稳定水质经济又实惠的环保型肥水素。

（1）**性状** 淡黄色粉末。

（2）**主要成分** CBS微生物、多种微量元素、营养素、增效素等。

（3）**功能** ①"智慧型"的有益菌株，在池塘中能迅速繁殖成优势菌群，能有选择地清除水中的有害物质，平衡酸碱度（pH值），增加水中溶解氧，改善水质。活菌所含丰富菌体蛋白及多种维生素，又能为鱼虾提供丰富的动物性蛋白源，可减少投饵量，并能增强免疫力与抗病能力，预防病害发生。② 依据养殖水体营养盐的变化规律，本品科学配备了氮、磷、铁、镁等多种微量元素，能高效快速促进有益浮游生物、单胞藻类的大量繁殖，丰富池塘里的基础饵料，又不至于发生倒藻、起青苔等现象，使水质长期保持最佳状态。③ 本品所配备的有机质、生物素、营养素、增效剂等，可成为轮虫、沙蚕、蛤仔等幼体的适口饲料，这些以幼虫类为主体的底栖生物群落，可为虾（鱼）苗提供营养丰富的天然动物饵料，从而确保了虾（鱼）苗的健康成长，提高成活率。④ 本品对于高密度养殖虾（鱼）池的增藻做水色效果良好，不会污染水质，无任何副作用，属环保型肥水素。

（4）**用法用量**　每亩水面（水深 1.0~1.5 米）每次施用 0.5~1.0 千克（即 5~10 亩/袋），用 20~30 倍水浸泡后均匀泼洒。隔 3~5 天补施一次，新池塘可适当增加用量。宜选在光照强、温度高的晴天施用，效果更佳。

5. "增氧塘底净"

在水产养殖特别是高密度养殖过程中，由于鱼虾排泄物、残饵、腐殖质等大量有害物质积塘底腐烂分解，消耗大量氧气，同时产生大量有害气体，造成池塘老化，水质恶化，鱼虾活力下降、生长缓慢，导致病害泛滥，严重影响鱼虾健康生长。

（1）**性状**　淡黄色粉末。

（2）**主要成分**　CBS 微生物、絮凝剂、活性增效剂、络合剂等。

（3）**功能**　该公司生产的"增氧塘底净"由于科学配备了多种天然活性物质、微量元素及多种有益生物菌群，能迅速吸附降解池底有机污泥，清除氨氮、亚硝酸盐、硫化氢等有害物质，具有极强的吸附和解毒功能；能增加水中溶氧量，改善池塘底质，稳定 pH 值，控制浮游生物过量繁殖，消除水体过黑、暗红、墨绿等不良水色，令水质爽洁，达到健康养殖、增产增收的目的。

（4）**用法用量**　使用时先用塘水稀释搅拌后全池均匀泼洒即

可。每亩施放1～2千克（即5～10亩/袋），每10～15天一次，底质较差的鱼塘可加倍使用，配合使用"EM原露"效果更佳。

6. "绿宝"

本品为最新研制生产的新一代多功能池塘生态保护剂，主要由多种有机酸盐、络合剂、氨基酸以及多种中药成分精制而成，可外用或内服。本品可广泛应用于改良因工业废水排放和水产养殖自身造成的近海水质污染、养殖池底老化又无条件清塘、晒塘和因地质造成的养殖池水锈及含硫、铁、氨超标等，对水中生物排泄物及残饵分解后的有毒物质有降解、硝化作用。对稳定水质及消毒和缓解对虾的中毒反应有特别疗效。本品可广泛应用于鱼、虾、鳖、鳗、蟹类水产品生产的各个阶段。

本品属于环保型制剂，无任何毒、副作用，使用安全。

（1）性状　棕黄色液体。

（2）主要成分　复合枸橼酸盐溶液。

（3）用法用量　①消除老化塘底的酸性腐化物以及因吸纳井水等原因造成的水锈及含硫、铁、氨超标。纳水5～10厘米，每亩使用本品400～500毫升，稀释10倍后全池泼洒，并充分拌和。3天后配合使用"鱼虾活康素"效果更佳。②消除、降解周围海域因工业废水排放造成的养殖池水重金属、有毒元素，如汞、锑、砷、铅等超标污染。按水深1米，每亩使用本品400～500毫升，稀释10倍后全池泼洒，10～15天为一个周期。③消除和缓解因氯系、重金属、季铵盐、抗生素以及各种药物造成的应激反应和中毒反应，先按水深1米，每亩使用本品500～600毫升，稀释10倍后全池泼洒，再按5%浓度拌饵投喂，可以排毒、解毒，进而提高免疫力，促进生长。

7. "鱼虾克毒星"

二氧化氯是当今国际最先进的特效消毒剂，它可迅速杀灭水中游离病毒，致病细菌、霉菌、芽孢等。被联合国世界卫生组织

（WHO）和世界粮农组织（FAO）指定为 AI 级消毒剂。

（1）**性状**　淡绿色液体。

（2）**主要成分**　次氯酸钠。

（3）**功能**　本公司采用高科技新工艺，成功地研制不用活化、稳定性强的新剂型。经检测，证明本品对海水、淡水养殖动物中多种致病微生物如病毒、溶血弧菌、鳗弧菌、点状气单胞菌、荧光假单胞菌等均有明显的杀灭作用。本品对水生动物常见致病菌最小抑菌浓度（MIC）为 0.2 ~ 0.5 毫克/升。用量少，成本低。对虾苗、蛤仔、扇贝等的发育期及浮游植物、大型水蚤均无不良影响，且无刺激、无公害、不会伤害黏膜、皮肤。

（4）**适应症**　①对虾暴发性流行病、白斑病、肝胰肿大病、烂鳃病、红腿病、烂眼病、甲壳溃疡及气单胞菌、弧菌等引起的疾病。②鱼的出血性流行病、赤皮病、烂鳃病、肠炎病、水霉病等。③甲鱼红脖子病、红底板病、腐烂病、白点病、水霉病等。④鳗鱼的弧菌病、气单胞菌病及真鲷、鲈的出血病等。

（5）**用法用量**　①预防：每亩（水深 1 米）用药 200 ~ 330 毫升（约 0.3 ~ 0.5 毫克/升），稀释 100 倍后全池均匀泼洒。②治疗：每亩（水深 1 米）用药 330 ~ 660 毫升（约 0.5 ~ 1.0 毫克/升），稀释 100 倍后全池均匀泼洒。③空池消毒：每亩（水深 0.5 米）用药 330 ~ 500 毫升（约 1.0 ~ 1.5 毫克/升），稀释 100 倍后全池均匀泼洒。

8. "池塘藻菌净"

本品是经由独特技术与配方复合成新型态的螯合铜化物，在水中不会离解形成铜离子，因而毒性大大低于硫酸铜。同时不容易与水中的碳酸根离子或其他离子结合沉淀而降低功效。本品使用方便，海水或淡水中完全溶解，不产生沉淀物，并使药液在水中维持 3 ~ 7 天药效（硫酸铜只维持 1 天）。因其稳定、安全、除藻、灭菌、灭虫力强的卓越功能，必将取代硫酸铜、醋酸铜等烈毒性化学物质。

本品以穿透细菌细胞壁方式杀死藻菌,并和死亡藻菌化成安全无毒的不溶性沉淀物,不留残毒,不产生公害,不影响鱼虾生长。

因此,本品被广泛应用于养虾池、鳗池、农田、水库、渠道、泳池、冷却水塔,甚至用于对毒性非常敏感的鳟鱼池。

(1) **性状** 蓝色液体。

(2) **主要成分** 络合铜。

(3) **功能** ① 有效地抑制鱼虾池的藻类过度繁殖,消除杀灭附在对虾体表、复眼、鳃部及其受精卵、幼体身上的丝状绿藻、褐藻、楔形藻、针杆藻等,防止有毒藻类中毒。② 杀灭养殖水体中的夜光虫和发光细菌。一般 6~8 小时即可见效。还可以消除一些引起赤潮的裸甲藻、膝沟藻等有害藻类。③ 防治海水、淡水鱼虾类的原生动物寄生虫,如小爪虫(白点病)、鞭毛虫、车轮虫、斜管虫、口丝虫等。④ 防治杆状细菌引起的烂鳃病、烂尾病、断须病、红腿病等。⑤ 防治虾、鱼、鳗由水霉、真菌引起的水霉病(又称棉霉病)。⑥ 防治水蛭及甲壳动物鱼虱等寄生虫病。⑦ 改善水质恶化、消除水中有害生物,保持水质清洁。

(4) **用法用量** ① 定期预防:每亩(水深 1 米)用药 330 毫升(0.5 毫克/升),3~5 天视情况追加一次。② 药浴治疗:每亩(水深 1 米)用药 1.0~1.5 毫升(1.0~1.5 毫克/升)药浴 18~24 小时。③ 改良水质:每亩(水深 1 米)用药 330~660 毫升(0.5~1.0 毫克/升)。

9. **"鱼虾病毒灵"**

本品采用当今世界上最具消毒效力的新型含氧化合物碘与最优秀的第五代双链季铵盐络合而成。集有机碘与季铵盐优点于一身,属国内首创。

本消毒剂十分有效地杀灭亲水性病毒,通过水体消毒与内服结合使用,经大面积试验证明在病毒流行期可降低死亡率 50% 以上,比普通 PV 碘具有更卓越的疗效。

（1）性状　红棕色黏稠液体。

（2）主要成分　碘、磷酸。

（3）功能　① 消毒，本品低浓度即可杀病毒、芽孢等病害微生物，具有速效、持久、无刺激、无毒性残留，并可内服等特点。② 防治鱼虾病毒病，如虾杆状病毒、呼肠孤病毒及鱼出血败血、胰腺坏死等疾病。③ 防治鱼虾细菌病如虾烂鳃病、黑白斑病、红腿病、发光病及鱼赤皮病、肠炎病、烂鳃病、出血病、爱德华氏病等。④ 防治鱼虾真菌性病，并具有消除水臭、净化水质、防止池水恶化等作用。

（4）用法用量　见附表 2-2。

附表 2-2　"鱼虾病毒灵"的使用方法及用量

用途	用量	使用方法	作用时间
鱼虾池预防消毒	每亩每米水深 130 毫升	均匀泼洒	—
空池消毒	每亩每米水深 200～250 毫升	泼洒或喷雾	3 天后灌水
卵苗浸泡消毒	每亩每米水深 130 毫升	浸泡	10～15 分钟
发病期治疗消毒	每亩每米水深 250 毫升	均匀泼洒	连洒 3～5 天
病毒病拌料内服	每 100 千克饲料 30～60 毫升	稀释后均匀拌料	连服 10～15 天
防臭防富营养化	每亩每米水深 160 毫升	均匀泼洒	—

联系地址：广东省广州市新港西路 231 号

邮编：510300

联系电话：020-84456523

传真：020-84192113

网址：www. sandasc. com

二、湛江海茂水产生物科技有限公司

湛江海茂水产生物科技有限公司系国家级对虾良种场、广东省健康农业科技示范基地、广东省星火技术产业带建设示范单位、广东省农业科技创新中心、中国对虾种苗 20 强供应基地、湛江市自主创新培育企业，拥有广东省名牌产品称号，是集科研、开发、生产、销售及技术服务为一体的水产苗种集团公司。注册资本1 348万元，总资产 3 500 万元以上，拥有 5 个生产基地，育苗总水体 20 000 立方米以上，亲虾选育基地面积 160 亩。专业生产经营南美白对虾、斑节对虾幼体和苗种，年生产销售 SPF 对虾幼体 500 亿尾，种苗 50 亿尾。

公司产品核心生产理念为"可控、生态、高效、优质"。拥有国际先进的微藻纯种保种及培养系统、水处理设备、生态育苗技术体系。配套有浮游生物、微生物等创新中心实验室（60 平方米），水质监测实验室和微生物检测实验室（80 平方米），病毒检测实验室（30 平方米）以及藻类培育中心（500 平方米）。并配置多台设备仪器，包括水质检测设备仪器、对虾病毒检测仪器、微生物检测仪器以及藻类纯种保种等设备。生产过程实施视频监控，实现全程可控、生态育苗、生产高效、产品优质。

目前公司员工达 130 人，其中高级职称 1 名，中级职称 6 名，初级职称 10 名，技术工人 80 名及其他后勤人员。公司专家、教授顾问 8 名。公司科研项目及成果如下。

① "引进凡纳滨对虾繁育及子一代养殖效果"获湛江市 2002 年度科技进步二等奖。

② 湛江市科技招标项目"凡纳滨对虾健康亲本选育和健康虾苗繁育技术"获湛江市 2004 年度科技进步二等奖及 2006 年度广东省科学技术二等奖。

③ 2010 年，与中国科学院南海海洋研究所合作进行的南美白对虾选育研究中，成功选育出具有稳定优良性状的"中科 1 号"（品种登记号：GS－01－007－2010）南美白对虾优良品系。

近年来，该公司从美国大批量引进南美白对虾优良品系以及对优良品种进行规范化人工繁育和选育，培育了大批优质健康种苗和亲虾，年生产"海茂"牌 SPF 亲虾 20 万对，向广东、广西、海南、上海、浙江、江苏、山东、河南等省、自治区推广养殖，取得了良好的养殖效果，为湛江市及我国对虾养殖产业化作出了重要贡献。

1. "海茂"牌进口一代 SPF 南美白对虾虾苗

来源于美国 SIS 良种改良公司，以现代遗传育种理论为基础，通过近 30 年的分子遗传育种选育，成为当今国际上性状最优良的对虾产品之一。其产品具有生长速度快、抗病能力强、抗逆性强、成活率高、饵料系数低、规格整齐、养殖成本低等优良性状，是我国最受欢迎的对虾养殖良种品种。近年来，进口一代南美白对虾在我国被迅速推广，产品覆盖海南、广西、广东、福建等重要对虾养殖区，成为对虾产业可持续发展的支柱性产品。我司每年从美国引进大量进口一代 SPF 南美白对虾亲本，通过南美白对虾 SPF 技术生产体系，生产了大量的优质虾苗，辐射主要对虾养殖区，养殖周期为 60～80 天，规格能达到 30～35 条/500 克，养殖效果及养殖经济效益良好。

2. "海茂"牌自选 SPF 南美白对虾虾苗

该公司自选的 SPF 南美白对虾亲虾，以引进国外良种为基础选育材料，以现代遗传育种理论为基础，主要利用数量遗传学的原理和方法，对进口对虾进行遗传改良，培育出生长速度快、成活率高和抗逆性强的对虾养殖新品种。通过对国外引进的良种选育材料个体亲缘关系进行确定，对比分析进口亲虾的优良特性和遗传特性，以家系为选为单位，进行良种选育。经过几年的对虾选育，该公司的南美白对虾自选良种已经取得了良好的成绩，2010 年，与中国科学院南海海洋研究所合作选育研究出"中科 1号"新品种。相对于国产二代苗，其主要优良性状表现为生长速度快、成活率高、抗逆性强等，能取得良好的养殖经济效益。相对于进口亲虾，其优势在于本土气候适应能力和水文条件适应能力强，早造和晚造虾发病率较低，是我国当前比较好的养殖对虾品种之一。

3. "海茂"牌SPF南美白对虾虾苗产品生产工艺

以先进的SPF技术理论和生产工艺、检测仪器为基础，保证了产品的SPF特性，其良好的品质使该公司对虾虾苗产品获得"广东省名牌产品"。该公司拥有南美白对虾SPF繁育理论体系，其成果获2006年度广东省科学技术奖二等奖。该公司拥有完善的水处理设备，包括多套蛋白分离器、紫外线杀菌器、臭氧消毒器、精密过滤器及精密沙过滤缸和活性炭过滤缸，使虾苗生产用水不带病原，保证生产过程中不被外来病原侵入。同时，其先进的PCR对虾病毒检测仪器以及完善的水质监测实验室，不仅检测速度快，检测灵敏度高，还可以同时检测目前三种主要的对虾病毒病（WSSV、TSV、IHHNV）和育苗用水主要水质参数及有害菌种，能够及时跟踪整个生产过程，另外，严格的品管制度，各种严格预防措施和规范的操作，保证产品的SPF特性。该公司投放市场的SPF南美白对虾虾苗，在养殖过程中，发病率比较低，发病时间比较晚，也证明了产品的品质，取得了良好的养殖效果。

联系地址：广东省湛江市东海岛东南码头西侧

邮编：524076

联系电话：0759 – 2939518

传真：0759 – 2939088

移动电话：13828248198，13828276198

联系人：陈生

网址：www.zjhaimao.com

三、广东恒兴集团有限公司

广东恒兴集团有限公司是一家集饲料生产、科研开发、水产和畜禽养殖、种苗繁育、水产品加工、生物制药、机械制造、进出口贸易于一体的跨地区、跨行业的大型民营企业。集团下辖独资、合资企业 33 家，现有总资产 22 亿元，员工 7 000 多人，年生产畜禽、水产饲料 120 万吨，年产值逾 48 亿元，进入全国民营企业 500 强和全国饲料行业 10 强，被评定为农业产业化国家重点龙头企业，国家火炬计划重点高新技术企业、中国优秀民营科技企业、广东省渔业产业化龙头企业，广东省百强民营企业，并获得"全国守合同重信用企业"、"广东省优秀民营企业"、"广东省模范纳税户"、"广东省著名商标"、"产品质量国家免检"等称号。

该公司坚持"以市场为导向、以科技为动力、以服务为核心、以员工为基础、以客户为根本"的经营理念，积极推行"公司＋基地＋农户"及"订单农业"的经营模式，坚持走"产、加、销"一条龙，"产、学、研"相结合的发展之路，全面提升企业的核心竞争力和自主创新能力。

恒兴集团致力于发展水产、家禽产业，引导和推动行业的发展，为农民创造价值，为消费者提供安全、营养、健康的食品，成为持续创造价值的、最值得信赖的农业专业化公司。

国家（"863"）项目海水养殖种子工程南方基地，是广东恒兴集团湛江恒兴南方海洋科技有限公司投资 1.2 亿元与中山大学、中国海洋大学、广东海洋大学、中国科学院南海海洋研究所、中国水产科学研究院南海水产研究所合作经营的高新技术股份制企业。

中心基地面积 600 多亩，其中幼体、育苗车间水体 20 000 立方米，优质种虾选育面积 150 亩，示范养殖面积 300 亩。育苗场有：湛江市东海岛中心基地育苗场、生态育苗场、大东海育苗场、珠海市育苗场、汕尾市育苗场、广西壮族自治区北海市育苗场、防城市育苗场、福建省龙海市育苗场等。年培育南美白对虾无节幼体 600 亿尾、虾苗 150 亿尾、种虾 15 万对，培育草虾无节幼体 50 亿尾、虾苗 18 亿尾。

该公司坚持以科技为本，拥有一大批高、中级水产技术人才，聘请30多位国内外专家、教授指导科研和生产，密切与美国OI（夏威夷海洋研究所）、HHA和SIS（迈阿密虾改良公司）技术交流和合作，技术力量雄厚。

联系电话：0759 – 3638009

联系地址：广东省湛江市麻章经济开发区金康中路

邮　　编：524094

参考文献

福建省水产厅养殖处. 1994. 福建淡水名优种类养殖 ［M］, 352-387.

古群红, 宋盛宪, 梁国军, 等. 2010. 金鲳鱼（卵形鲳鲹）工厂化育苗与规模化快速养殖技术 ［M］. 北京：海洋出版社, 152-171.

黄宗国. 2008. 中国海洋生物种类与分布 ［M］. 北京：海洋出版社.

黎祖福, 陈刚, 宋盛宪, 等. 2006. 南方海水鱼类繁殖与养殖技术 ［M］. 北京：海洋出版社.

林小涛. 2002. 尖吻鲈低盐度池塘集约化养殖技术 ［J］. 中国水产, (9)：61.

刘政文. 2002. 池塘花鲈养殖技术 ［J］. 江苏农业科学, (5)：56-58.

徐君卓. 1999. 海水网箱养鱼 ［M］. 北京：中国农业出版社.

张邦杰, 梁仁杰, 毛大宁, 等. 1998. 花鲈在淡水池塘的生长与规模化饲养 ［J］. 淡水渔业. 28 (3)：30-33.

张邦杰, 梁仁杰, 毛大宁, 等. 1998. 黄鳍鲷的池养特性及饲养技术 ［J］. 上海水产大学学报. 7 (2)：107-144.

张邦杰, 梁仁杰, 王晓斌, 等. 卵形鲳鲹的引进, 咸、海水池养与越冬 ［J］. 现代渔业信息, (3).

周永灿, 朱传华, 张本, 等. 2001. 卵形鲳鲹大规模死亡的病原及防治 ［J］. 海洋科学, (4).

周裕平. 2006. 花尾胡椒鲷人工养殖. 水产养殖, 27 (5).

海洋出版社水产养殖类图书目录

水产养殖新技术推广指导用书	
书名	作者
乌鳢高效生态养殖新技术	肖光明 主编
斑点叉尾鮰高效生态养殖新技术	马达文 主编
翘嘴鲌高效生态养殖新技术	马达文 王卫民 主编
黄鳝、泥鳅高效生态养殖新技术	马达文 主编
海水蟹类高效生态养殖新技术－青蟹、梭子蟹	归从时 主编
日本对虾高效生态养殖新技术	翁雄 宋盛宪 何建国 等 编著
南美白对虾高效生态养殖新技术	李卓佳 主编
鮰鱼高效生态养殖新技术	杨德国 主编
鳗鲡高效生态养殖新技术	王奇欣 主编
淡水小龙虾高效生态养殖新技术	唐建清 周凤建 主编
河蟹高效生态养殖新技术	周刚 主编
青虾高效生态养殖新技术	龚培培 邹宏海 主编
扇贝高效生态养殖新技术	杨爱国 王春生 林建国 编著
海水名特优鱼类健康养殖实用技术	庄世鹏 赵秋龙 黄年华 等 编著
咸淡水名特优鱼类健康养殖实用技术	黄年华 庄世鹏 赵秋龙 等 编著
水产健康养殖新技术丛书	
书名	作者
淡水小龙虾（克氏原螯虾）健康养殖实用新技术	梁宗林 孙骥 陈士海 编著
罗非鱼健康养殖实用新技术	朱华平 卢迈新 黄樟翰 编著
黄鳝养殖致富新技术与实例	王太新 著
河蟹健康养殖实用新技术	郑忠明 李晓东 陆开宏 等 编著
香鱼健康养殖实用新技术	李明云 著
优良龟类健康养殖大全	王育锋 主编
淡水优良新品种健康养殖大全	付佩胜 轩子群 刘芳 等 编著
中华鳖健康养殖实用新技术	轩子群 马汝芳 林玉霞 等 编著
泥鳅养殖致富新技术与实例	王太新 编著
鲑鳟、鮰鱼健康养殖实用新技术	毛洪顺 主编
黄颡鱼健康养殖实用新技术	刘寒文 雷传松 编著
刺参健康增养殖实用新技术	常亚青 于金海 马悦欣 编著
对虾健康养殖实用新技术	宋盛宪 李色东 翁雄 等 编著

半滑舌鳎健康养殖实用新技术	田相利 张美昭 张志勇 等 编著
海参健康养殖技术（第 2 版）	于东祥 孙慧玲 陈四清 等 编著
鲍健康养殖实用新技术	李霞 王琦 刘明清 等 编著
金鲳鱼（卵形鲳鲹）工厂化育苗与规模化快速养殖技术	古群红 宋盛宪 梁国平 编著

专家图说水产养殖关键技术丛书

书名	作者
泥鳅高效养殖技术图解与实例	王太新 编著
黄鳝高效养殖技术图解与实例	王太新 著
龟鳖高效养殖技术图解与实例	章剑 著
石蛙高效养殖新技术与实例	徐鹏飞 叶再圆 编著
淡水小龙虾高效养殖技术图解与实例	陈昌福 陈萱编 著

水产健康养殖问答丛书

书名	作者
王太新黄鳝养殖 100 问	王太新 著
对虾健康养殖问答（第 2 版）	徐实怀 宋盛宪 编著
河蟹高效生态养殖问答与图解	李应森 王武 编著

水产养殖病害防治丛书

书名	作者
图说斑点叉尾鮰疾病防治	汪开毓 肖丹 主编
图说鳗鲡疾病防治	林天龙 龚晖 主编
龟鳖病害防治黄金手册（第 2 版）	章剑 王保良 著
海水养殖鱼类疾病与防治手册	战文斌 绳秀珍 编著
淡水养殖鱼类疾病与防治手册	陈昌福 陈萱编 著

其他重点图书

书名	作者
水产经济动物增养殖学	李明云 主编
水生动物珍品暂养及保活运输技术	储张杰 主编
海水工厂化高效养殖体系构建工程技术	曲克明 杜守恩 编著
饲料用虫养殖新技术与高效应用实例	王太新 编著
锦绣龙虾生物学和人工养殖技术研究	梁华芳 何建国 著
刺参养殖生物学新进展	王吉桥 田相利 主编

海洋出版社发行部电话：010 - 62132549

海洋出版社邮购部电话：010 - 68038093